卓越工程师培养系列
Excellent Engineer Training Series

嘉立创EDA（专业版）
电路设计与制作快速入门

主编 / 钟世达　张沛昌

副主编 / 谢宁　唐浒　彭芷晴

主审 / 周小安

电子工业出版社
Publishing House of Electronics Industry
北京·BEIJING

内容简介

本书以嘉立创 EDA（专业版）为设计平台，以 GD32E230 核心板为硬件载体，介绍电路设计与制作的全过程。本书主要内容包括嘉立创 EDA 介绍、GD32E230 核心板介绍、GD32E230 核心板原理图及 PCB 设计、电路板制作、焊接与调试、程序下载与验证、元件库等。希望读者在学习完本书后，能够掌握电路设计与制作所需的基本技能，快速设计并制作出一块属于自己的电路板。

本书既可以作为高等院校相关专业的电路设计与制作实践课程教材，也可作为电路设计及相关行业工程技术人员的入门培训用书。

未经许可，不得以任何方式复制或抄袭本书的部分或全部内容。

版权所有，侵权必究。

图书在版编目（CIP）数据

嘉立创 EDA（专业版）电路设计与制作快速入门 / 钟世达，张沛昌主编. -- 北京：电子工业出版社，2025.9. -- ISBN 978-7-121-50899-8

Ⅰ. TN410.2

中国国家版本馆 CIP 数据核字第 2025NL5546 号

责任编辑：张小乐　　文字编辑：张淮舸
印　　刷：河北迅捷佳彩印刷有限公司
装　　订：河北迅捷佳彩印刷有限公司
出版发行：电子工业出版社
　　　　　北京市海淀区万寿路 173 信箱　邮编：100036
开　　本：787×1092　1/16　印张：9.25　字数：234 千字
版　　次：2025 年 9 月第 1 版
印　　次：2025 年 9 月第 1 次印刷
定　　价：49.80 元

凡所购买电子工业出版社图书有缺损问题，请向购买书店调换。若书店售缺，请与本社发行部联系，联系及邮购电话：（010）88254888，88258888。

质量投诉请发邮件至 zlts@phei.com.cn，盗版侵权举报请发邮件至 dbqq@phei.com.cn。

本书咨询联系方式：（010）88254462，zhxl@phei.com.cn。

前 言

EDA 是电子设计自动化（Electronic Design Automation）的英文缩写，是实现集成电路芯片的功能设计、验证、物理设计（包括布局、布线、版图、设计规则检查等）的重要工具。EDA 工具软件可分为 3 类：芯片设计辅助软件、可编程芯片辅助设计软件和系统设计辅助软件。PCB 设计软件属于系统设计辅助软件这一类。

PCB 是一种半导体元件的载体，也是电子电路的核心部件之一，PCB 设计的好坏直接影响电子产品的性能，因此 PCB 设计的重要性不言而喻。对于从事电子设计的工程师（如电子工程师、硬件工程师）而言，PCB 设计是必须具备的一项基本功，也是检验工程师技术水平的试金石。电路设计与制作是一项非常复杂且系统的工作，包括原理图设计、PCB 设计与制作、焊接与调试等阶段。其中，原理图设计阶段主要包括制作元件符号、绘制原理图、检查原理图等工作；PCB 设计阶段主要包括制作元件封装、绘制 PCB、设计规则检查等工作；PCB 制作阶段主要包括导出各种生产文件、在制板厂下单 PCB 制作、采购元件等工作。"麻雀虽小，五脏俱全"，即使是设计和制作一块简单的电路板，也必须掌握上述这些技能，并且要能将这些技能合理有效地贯穿始终。

"工欲善其事，必先利其器"，对于初学者而言，首先需要选择一款友好易用的 EDA 软件。嘉立创 EDA 始创于 2010 年，是一款由嘉立创 EDA 团队独立开发的云端 PCB 设计软件。该软件不仅拥有自主知识产权，还承诺永久免费使用。嘉立创 EDA 以"两小时入门，两天精通"为宗旨，在上述宗旨下：①嘉立创 EDA 软件具有清晰的中文界面，大大降低了使用门槛，而且很多功能的操作都可一键完成，简洁高效，用户可以轻松上手；②嘉立创 EDA 集中管理元件库和模型，已集成超过百万个元件的免费封装、上万种 3D 模型及海量开源工程，具有电路仿真、原理图与 PCB 设计、面板设计等众多强大的电路设计功能，可大大提升用户设计效率，满足用户的多元化需求；③嘉立创 EDA 立足于云端，用户可随时随地使用，便于团队协作和项目管理；④依托深圳嘉立创科技集团股份有限公司（以下简称"嘉立创"）所搭建的"电子行业一站式服务平台"，用户可实现从 EDA 设计、PCB 打样/小批量生产、元件采购、激光钢网到 SMT 贴片的全流程一站式操作。

为了最大限度地满足用户的使用需求，嘉立创 EDA 相继推出了标准版和专业版两个版本。其中，标准版主要面向电子爱好者及教育工作者，适用于元件数量在 300 个以下的电路的设计；专业版主要面向专业开发人员，适用于更加复杂的电路的设计。

本书选用嘉立创 EDA（专业版），并以 GD32E230 核心板为硬件载体，通过理论与实例相结合的方式，详细介绍电路设计与制作的流程及操作方法，内容循序渐进，工程实用性强。初学者通过学习本书及不断地练习和实践，可以在短时间内对电路设计与制作的整个过程形成立体的认识，最终能够独立地进行简单电路的设计与制作。此外，本书的一大特色是着重介绍了各种设计和操作规范，有助于初学者养成良好的习惯。本书的另一特色是遵循"小而精"的理念，只重点介绍与GD32E230核心板电路设计与制作相关的技能和知识点，未涉及的内容尽量省略。

此次修订对第1版的内容和结构均做了较大程度的调整和优化。本书首先介绍嘉立创EDA软件和GD32E230核心板，使读者先了解软件和GD32E230核心板的基本情况。然后详细介绍原理图和PCB设计、电路板制作、焊接与调试、程序下载与验证这些内容，从而使读者能够完成一块GD32E230核心板的设计与制作。考虑到读者在后续的项目设计中可能会使用到一些不常用的或需要特殊设计的元件，而这些元件不在嘉立创EDA提供的元件库中，需要读者自己设计，最后一章特别介绍了元件库，读者可以通过学习这一章来掌握制作元件原理图符号和PCB封装的方法。另外，本书配有丰富的资料包，包括GD32E230核心板原理图、例程、软件包、PPT讲义、参考资料等，这些资料会持续更新，下载链接可通过微信公众号"卓越工程师培养系列"获取。

钟世达和张沛昌总体确定了本书的编写思路和大纲，并参与了部分章节的编写；谢宁、唐浒、彭芷晴协助完成了统稿工作，并参与了部分章节的编写；周小安对全书进行了审核。本书得到了深圳大学电子与信息工程学院、生物医学工程学院的大力支持；深圳市乐育科技有限公司为本书的编写提供了充分的技术支持；深圳嘉立创科技集团股份有限公司的贺定球为本书的编写给予了大力支持。本书的出版还得到了电子工业出版社的鼎力支持，在此一并致以衷心的感谢！

由于编者水平有限，书中难免有不成熟和错误之处，恳请读者批评指正。读者反馈问题、获取相关资料或遇实验平台技术问题，均可发邮件至邮箱：ExcEngineer@163.com。

目录

第 1 章　嘉立创 EDA 软件介绍　001
1.1　嘉立创 EDA　001
1.2　功能特点　003
 1.2.1　简单易用　003
 1.2.2　库文件共享　003
 1.2.3　开源硬件平台　004
 1.2.4　技术支持　004
 1.2.5　一站式产业链服务　006
本章任务　006
本章习题　006

第 2 章　GD32E230 核心板介绍　007
2.1　GD32 系列微控制器介绍　007
2.2　GD32E230xx 系列微控制器介绍　008
2.3　GD32E230 核心板简介　009
2.4　基于 GD32E230 核心板可以开展的部分实验　010
本章任务　010
本章习题　010

第 3 章　GD32E230 核心板原理图设计　011
3.1　GD32E230 核心板硬件设计需求　011
3.2　新建工程　011
3.3　原理图设计环境设置　013
3.4　原理图绘制规范　015
3.5　电路设计　017
 3.5.1　USB 电路　017
 3.5.2　电源转换电路（5V 转 3.3V）　026
 3.5.3　通信－下载电路　028

    3.5.4 独立按键和复位按键电路 031
    3.5.5 蜂鸣器电路 032
    3.5.6 LED 电路 033
    3.5.7 OLED 显示屏接口电路 034
    3.5.8 GD32 系列微控制器电路 035
    3.5.9 外扩引脚 039
  3.6 原理图检查 042
 本章任务 043
 本章习题 043

第 4 章　GD32E230 核心板 PCB 设计　　044

  4.1 原理图导入 PCB 044
  4.2 设计 PCB 板框 046
  4.3 绘制定位孔 047
  4.4 设计规则 050
    4.4.1 安全间距 051
    4.4.2 导线 053
    4.4.3 过孔尺寸 056
    4.4.4 铺铜 058
  4.5 层的设置 059
    4.5.1 层工具 059
    4.5.2 图层管理器 059
  4.6 元件的布局 062
    4.6.1 布局基本操作 062
    4.6.2 布局原则 064
  4.7 元件的布线 066
  4.8 泪滴 078
  4.9 铺铜 080
  4.10 丝印 082
 本章任务 085
 本章习题 085

第 5 章　电路板制作　　086

  5.1 一键 PCB 下单 086
  5.2 小助手 PCB 下单 089
    5.2.1 导出 Gerber 文件 089
    5.2.2 嘉立创下单助手 090

5.3 一键元件下单 091
5.4 立创商城元件下单 093
    5.4.1 导出 BOM 文件 093
    5.4.2 元件下单 094
5.5 嘉立创 SMT 下单 094
    5.5.1 导出坐标文件 095
    5.5.2 SMT 在线下单 096
本章任务 100
本章习题 100

第 6 章 焊接与调试   101

6.1 焊接工具和材料 101
    6.1.1 电烙铁 101
    6.1.2 镊子 102
    6.1.3 焊锡 103
    6.1.4 松香 103
    6.1.5 吸锡带 104
6.2 万用表 104
    6.2.1 导通测试 105
    6.2.2 测量直流电压 105
    6.2.3 测量电阻的阻值 105
    6.2.4 测量电容的容值 105
    6.2.5 测量发光二极管的导通电压值 106
6.3 元件焊接技巧 107
    6.3.1 贴片元件焊接方法 107
    6.3.2 发光二极管焊接方法 107
    6.3.3 肖特基二极管焊接方法 108
    6.3.4 芯片焊接方法 109
    6.3.5 直插元件焊接方法 109
6.4 GD32E230 核心板焊接步骤 110
    6.4.1 焊接第 1 步 111
    6.4.2 焊接第 2 步 111
    6.4.3 焊接第 3 步 112
    6.4.4 焊接第 4 步 113
    6.4.5 焊接第 5 步 113
本章任务 114
本章习题 114

第 7 章　程序下载与验证　　　　　　　　　　　　　　　　　115

7.1　安装 CH340 驱动　　　　　　　　　　　　　　　　　　115
7.2　通过 GigaDevice ISP Programmer 下载程序　　　　　　　116
7.3　通过串口助手查看接收数据　　　　　　　　　　　　　118
本章任务　　　　　　　　　　　　　　　　　　　　　　　119
本章习题　　　　　　　　　　　　　　　　　　　　　　　119

第 8 章　元件库　　　　　　　　　　　　　　　　　　　　120

8.1　器件库　　　　　　　　　　　　　　　　　　　　　　120
8.2　符号库　　　　　　　　　　　　　　　　　　　　　　128
　　8.2.1　新建符号　　　　　　　　　　　　　　　　　　128
　　8.2.2　使用符号向导创建符号　　　　　　　　　　　　130
　　8.2.3　使用高级符号向导创建符号　　　　　　　　　　132
8.3　封装库　　　　　　　　　　　　　　　　　　　　　　135
本章任务　　　　　　　　　　　　　　　　　　　　　　　138
本章习题　　　　　　　　　　　　　　　　　　　　　　　138

附录 A　GD32E230 核心板原理图　　　　　　　　　　　　139

参考文献　　　　　　　　　　　　　　　　　　　　　　　140

第 1 章 嘉立创 EDA 软件介绍

嘉立创 EDA 是由嘉立创 EDA 团队独立开发的云端 PCB 设计软件，服务于电子工程师、教师、学生、制造商及电子爱好者。该软件拥有自主知识产权，并承诺永久免费使用。

随着设计场景与用户需求的变化，嘉立创 EDA 推出了两个版本：标准版和专业版。标准版主要面向教师、学生及电子爱好者，功能简洁，适用于元件数量少于 300 个的电路的设计；专业版主要面向专业开发人员，功能强大，适用于更加复杂的电路的设计。

嘉立创 EDA 的发展愿景是成为全球工程师的首选 EDA 工具，使命是用简约、高效的国产 EDA 工具，助力工程师专注于创造与创新。

1.1 嘉立创EDA

嘉立创 EDA 是一个基于云端平台的软件工具，用户只需在浏览器（推荐使用最新版本的谷歌或火狐浏览器）地址栏中输入官方网址，或通过搜索引擎搜索"嘉立创 EDA"即可登录嘉立创 EDA 主页，如图 1-1 所示。

图 1-1 嘉立创 EDA 主页

嘉立创 EDA 提供标准版和专业版两个版本，并支持在线启动和客户端启动两种启动模式。本书内容基于嘉立创 EDA 专业版编写。

在线启动模式（专业版）：在嘉立创 EDA 主页上方单击"嘉立创 EDA 编辑器"按钮，打开"编辑器版本"对话框，如图 1-2 所示，选择"专业版"即可进入在线启动模式。专业版编辑器界面如图 1-3 所示。此外，用户还可以通过在主页执行菜单栏命令"产品"→"在线编辑器（专业版）"进入专业版编辑器界面。

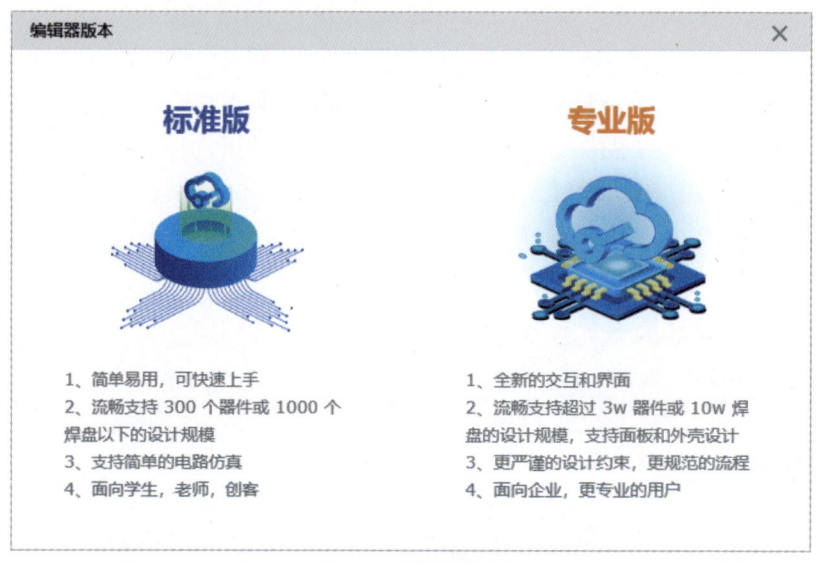

图 1-2　编辑器版本

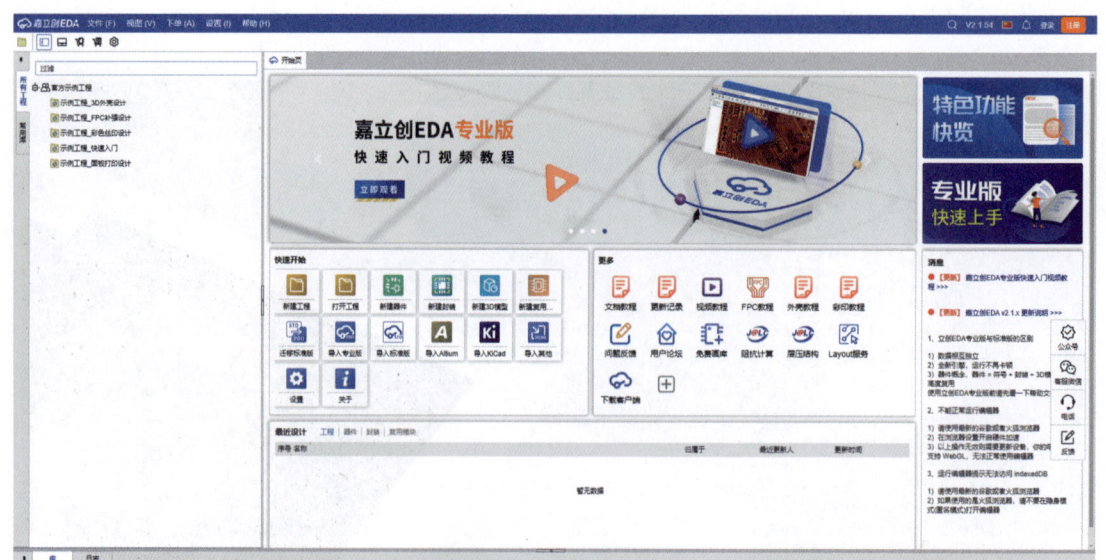

图 1-3　专业版编辑器界面

客户端启动模式（专业版）：在嘉立创 EDA 主页单击"立即下载"按钮，客户端下载界面如图 1-4 所示，可一键安装。

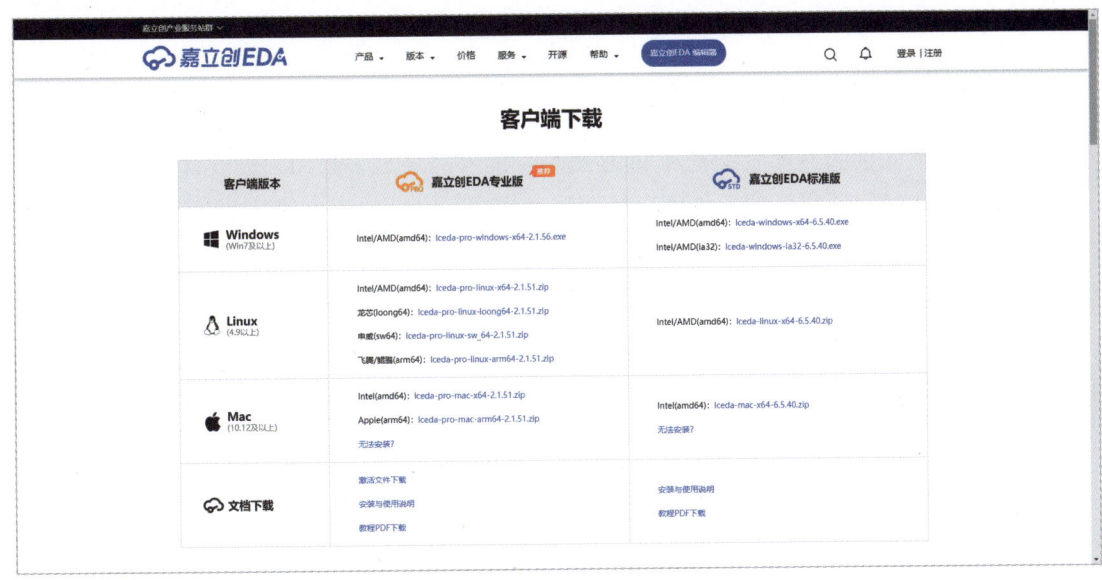

图 1-4 客户端下载界面

1.2 功能特点

PCB 的应用范围非常广泛，包括通信、消费电子、计算机、汽车电子、医疗器械等。不同的应用场景和用户群体对 EDA 设计软件的需求差异显著，企业更注重功能设计的专业性，而电子爱好者和高校师生则更看重操作的便捷性。下面介绍嘉立创 EDA 的几个核心功能特点。

1.2.1 简单易用

嘉立创 EDA 的宣传口号是"两小时入门，两天精通"。一款简单易用的 EDA 设计软件能够帮助新用户快速上手，有效降低用户学习成本。对于电路设计而言，工具的简易性使得用户可以更加专注于设计本身，而非软件的操作流程。复杂的 EDA 软件可能成为初学者面前的一道高门槛，而嘉立创 EDA 的原理图和 PCB 设计界面简洁直观，能让操作尽可能简化，许多功能可一键完成，这大幅降低了设计难度。

在嘉立创 EDA 的设计界面中，常用的工具一目了然，用户可以迅速应用各种功能，这显著提升了设计效率。此外，设计界面中的各个功能属性标签页布局合理，清晰明了，便于用户随时修改设计内容。嘉立创 EDA 在细节上充分考虑了用户需求，将复杂的操作步骤简化，使用户能够更专注于设计本身，而非软件的操作。

1.2.2 库文件共享

在使用传统 EDA 软件时，用户通常需要自行制作元件的原理图符号和 PCB 封装，或从网络导入元件库资源。然而，这些元件库的正确性难以保证，用户还需花费大量时间进行核对验证。虽然有些 EDA 软件自带元件库，但元件库中的元件命名复杂，用户很难从中找到对应的元件,并且元件的属性信息不够完善等问题会导致后期的元件采购等工作变得复杂,从而降低工作效率。

嘉立创 EDA 通过库文件共享功能有效解决了这些问题。目前,嘉立创 EDA 元件库已收录超过百万个元件的原理图符号和 PCB 封装,能够满足大多数用户的设计需求,这使用户无须花费过多时间创建新的元件库,从而显著提高了设计效率。此外,嘉立创 EDA 的元件库与立创商城数据互通,商城的新增元件会同步更新至 EDA 元件库,并能确保元件属性信息完整,方便用户采购。嘉立创 EDA 还支持用户创建个人库文件,并自动将个人库中的元件共享至用户贡献库。这种共享机制减少了重复创建库文件的工作,进一步提升了用户的设计效率。用户无须担心库文件共享会带来数据安全问题,因为库文件共享仅涉及元件信息,私人工程及文档仍受到充分保护。

1.2.3 开源硬件平台

工程师通过开源自己的工程文件,可以与其他用户分享经验,有时还能获得更好的解决方案。同时,开源的工程文件也为其他工程师提供了宝贵的参考和借鉴价值。

嘉立创 EDA 提供了一个开源硬件平台,如图 1-5 所示。用户可以在平台上浏览他人贡献的工程文件,也可以将自己工程的权限设置为公开,让更多人了解自己的设计,这不仅有助于提升个人影响力和学习能力,还能为其他用户提供有价值的参考电路和 PCB 布局布线设计。通过开源硬件平台,用户可以借鉴他人的设计,快速完成自己的电路设计。

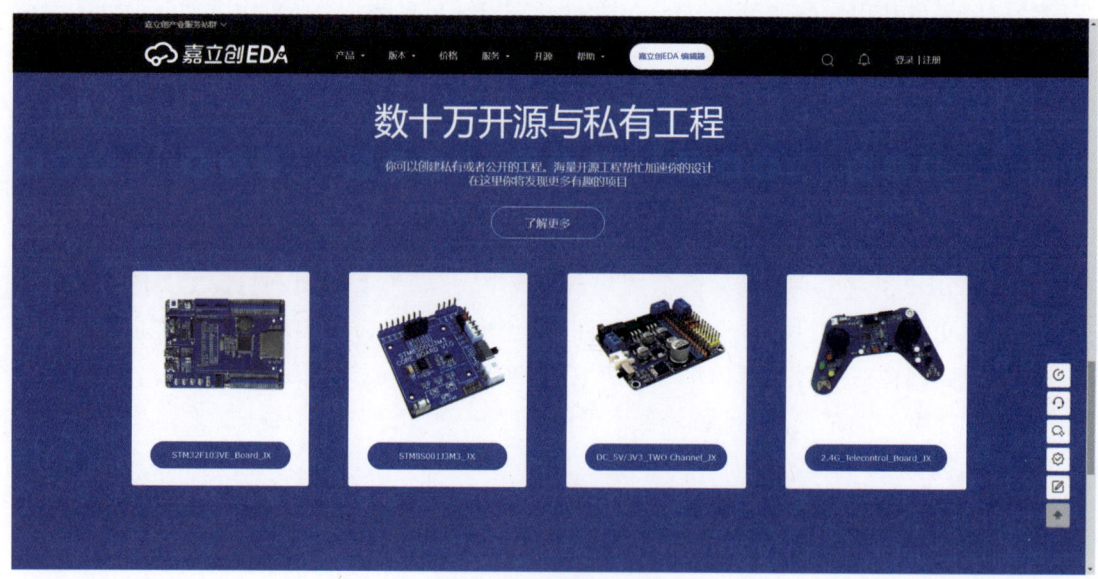

图 1-5 开源硬件平台

1.2.4 技术支持

嘉立创 EDA 提供了详尽的用户指南(见图 1-6),其中包含常见问题、编辑器教程等,单击对应的板块按钮即可快速定位要查找的内容。

图 1-6　用户指南

为了帮助用户更好地使用嘉立创 EDA，除了提供用户指南，嘉立创还组建了一支专业的客服团队，以快速解决用户的问题，响应用户的需求与建议。如图 1-7 所示，在"联系我们"标签页中可以获取多种技术支持联系方式。

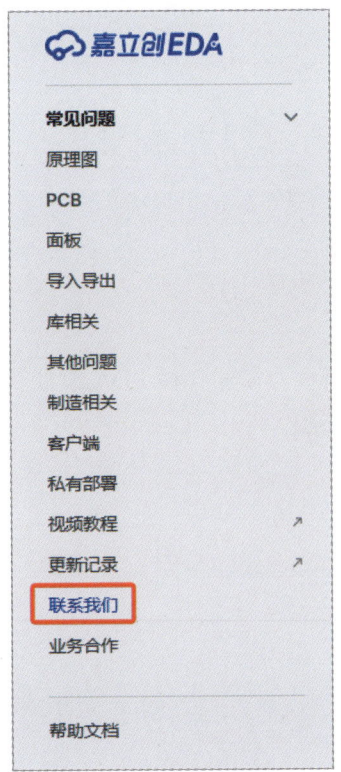

图 1-7　技术支持联系方式

1.2.5 一站式产业链服务

嘉立创是一家具有行业变革意义的"电子产业一站式"基础设施服务提供商,专注于产品研发及硬件创新场景,为企业、科研机构、电子工程师等提供了从 EDA 设计软件到 PCB 制作、SMT 贴片及元件商城的电子行业全产业链一站式服务,如图 1-8 所示。用户用嘉立创 EDA 完成 PCB 设计后,可一键生成 PCB 生产文件,并无缝对接嘉立创的 PCB 打样和 SMT 贴片服务;同时,用户还可一键生成元件清单,无缝对接立创商城,快速完成元件购买。通过这一完整的电子产业服务生态系统,各业务板块之间实现了技术共享与信息同步,形成了高效的协同效应,从而最大限度地优化了用户体验,为用户提供了从设计到生产的全流程支持。

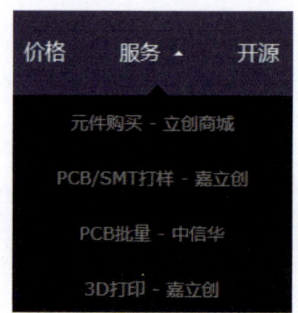

图 1-8 一站式服务

本章任务

认识嘉立创 EDA,熟悉其功能特点。

本章习题

1. 常用的 EDA 设计软件有哪些?简述各种 EDA 设计软件的特点。
2. 简述嘉立创 EDA 的发展历程。

第 2 章 GD32E230 核心板介绍

本章重点介绍了 GD32 系列微控制器及 GD32E230 核心板,并简要介绍了可以在 GD32E230 核心板上开展的实验。读者在完成电路板的设计与制作后,不仅可以方便地继续学习该系列微控制器的相关知识,还可对 GD32E230 核心板进行深层次的验证。

2.1 GD32系列微控制器介绍

兆易创新科技集团股份有限公司(以下简称"兆易创新")的 GD32 系列微控制器是我国高性能通用微控制器领域的领跑者,是国内首个采用 ARM Cortex-M3、Cortex-M4、Cortex-M23、Cortex-M33 及 Cortex-M7 内核的通用微控制器系列。目前,GD32 系列微控制器已成为国内 32 位通用微控制器市场的主流选择,所有型号的微控制器在软件和硬件引脚封装方面都相互兼容,能够全面满足从低端到高端的各类嵌入式控制需求,并支持无缝升级。GD32 系列微控制器具有高性价比、完善的生态系统和易用性等优势,支持多层次开发,能显著缩短用户的设计周期。

自 2013 年推出国内首个基于 ARM Cortex 内核的微控制器以来,GD32 系列目前已发展成为国内最大的 ARM 微控制器家族,有 48 个产品系列、600 余个型号,各系列均具有高度的设计灵活性,并实现了软/硬件相互兼容,用户可以根据项目开发需求在不同型号间自由切换。

GD32 系列以 Cortex-M3 和 Cortex-M4 这些主流型内核为基础,由 GD32F1、GD32F3 和 GD32F4 系列产品构建,并不断向高性能和低成本两个方向延伸。其中,GD32E230xx 系列基于全新的 Cortex-M23 内核,以超高的性价比替代了市场上的 Cortex-M0+ 及部分 8 位微控制器,成为低成本入门级应用的首选;GD32E5 系列则采用全新的 180MHz Cortex-M33 内核,结合了硬件加速器、高精度定时器和混合信号处理功能,专为电机控制和电源管理等高精度工业应用设计,能加速相关技术的实现与落地。

兆易创新秉承"以触手可及的开发生态为用户提供更好的使用体验"这一理念,构建了丰富的生态系统和开放的共享中心。这一生态系统不仅与用户需求紧密结合,还与合作伙伴互利共生,在蓬勃发展中惠及多方。

兆易创新联合全球合作厂商推出了多种开发工具和解决方案,包括集成开发环境(IDE)、开发套件(EVB)、图形化界面(GUI)、安全组件、嵌入式 AI、操作系统和云连接方案等。兆易创新还打造了全新的技术网站(GD32MCU.com),提供多个系列的视频教程和短片，支持用户在线点播学习。用户还可随时下载产品手册和软/硬件资料。此外，兆易创新推出了多周期全覆盖的微控制器开发人才培养计划，全面涵盖了从青少年科普到高等教育各层次的需求，为新一代工程师提供了学习与成长的沃土。

2.2　GD32E230xx系列微控制器介绍

GD32E230xx系列微控制器是GD32系列中首个基于Cortex-M23内核的产品系列，该系列采用55nm低功耗工艺制程，专为低开发预算需求设计。该系列不仅能够取代传统的8位和16位产品，还跨越了Cortex-M0/M0+的门槛，直接进入了32位Cortex-M23内核的开发新时代，为用户提供了一步到位的入门体验。

GD32E230xx系列有18个产品型号，包括LQFP48、LQFP32、QFN32、QFN28、TSSOP20及QFN20这6种封装类型，芯片尺寸从7mm×7mm到3mm×3mm不等。这种多样化的封装设计赋予了产品极高的设计灵活性和兼容性，能够有效应对快速发展的智能应用需求。

ARM Cortex-M23是Cortex-M0/M0+的继任者，它基于ARMv8-M架构，采用冯·诺依曼结构的二级流水线，支持完整的ARMv8-M基准指令集，最大限度地提高了代码的紧凑性，并兼容所有ARMv6-M指令，这使得工程师能够轻松将代码从Cortex-M0/M0+处理器移植至Cortex-M23处理器。Cortex-M23内核配备了单周期硬件乘法器、硬件除法器、硬件分频器、嵌套向量中断控制器（NVIC）等独立资源，并强化了调试、纠错与追溯能力，进一步简化了开发流程。未来的产品还可通过加载TrustZone技术，以硬件形式支持可信和非可信软件的强制隔离与防护，满足多样化的安全需求。GD32E230xx系列微控制器凭借其小尺寸、低成本、高能效和灵活性，已成为支持安全性扩展的最新嵌入式应用解决方案。

GD32E230xx系列微控制器的主频高达72MHz，配备有16～64KB嵌入式Flash及4～8KB SRAM。结合内置的硬件乘法器、硬件除法器和加速单元，在最高主频下，其工作性能可达55DMIPS，CoreMark测试得分高达154分。与市场上同类Cortex-M0产品相比，其代码执行效率提高了40%，相比Cortex-M0+产品也提高了30%以上。

GD32E230xx系列微控制器不仅拥有超强的高速处理能力，还提供了丰富的外设接口资源以增强自身连接性。片上集成了5个16位通用定时器、1个16位基本定时器和1个多通道DMA，通用接口包括2个USART、2个SPI、2个I^2C、1个I^2S。另外，它还提供1个支持三相脉宽调制（PWM）输出和霍尔采集接口的16位高级定时器、1个高速轨到轨输入/输出模拟电压比较器，以及1个采样率高达2.6MSPS的高性能12位ADC。这些资源能够满足多通道高速数据采集、混合信号处理和电机控制等工业应用需求。

GD32E230xx系列微控制器凭借其丰富的外设资源、强大的开发工具和易于上手的元件库，已成为许多工程师在32位微控制器选型中的首选。经过多年的积累，GD32微控制器的开发资料非常完善，这显著降低了初学者的学习难度。因此，本书选用GD32微控制器作为载体，GD32E230核心板上的主控芯片采用封装为LQFP48的GD32E230C8T6，其最高主频可达72MHz。

GD32E230C8T6芯片的资源包括8KB SRAM、64KB Flash、1个FMC接口、1个

NVIC、1个EXTI（支持21个外部中断/事件请求）、1个DMA（支持5个通道）、1个RTC、1个16位基本定时器、5个16位通用定时器、1个16位高级定时器、1个独立看门狗定时器、1个窗口看门狗定时器、1个24位SysTick、2个I^2C、2个USART、2个SPI、1个I^2S、39个GPIO、1个12位ADC（可测量10个外部信号源和2个内部信号源）和1个串行调试接口SWD等。

GD32E230xx系列微控制器广泛应用于各类产品的开发工作，如智能小车、无人机、医疗设备（如电子体温枪、电子血压计、血糖仪、多普勒胎心仪、监护仪、呼吸机）、智能楼宇控制系统和汽车控制系统等。

2.3　GD32E230核心板简介

GD32E230核心板由USB电路、电源转换电路（5V转3.3V）、通信-下载电路、独立按键电路、复位按键电路、蜂鸣器电路、LED电路、OLED显示屏接口电路、GD32微控制器电路和外扩引脚等组成，如图2-1所示。其中，USB1为供电和通信-下载接口（Type-C型母座），H1为OLED显示屏接口，RST（按键）为微控制器系统复位按键，PWR为电源指示灯，LED1和LED2为信号指示灯，SW1、SW2和SW3为普通按键，H2为外扩引脚，BUZZER1为蜂鸣器。

使用GD32E230核心板，还需要配备一根USB转Type-C型连接线和一块OLED显示屏（见图2-2）。

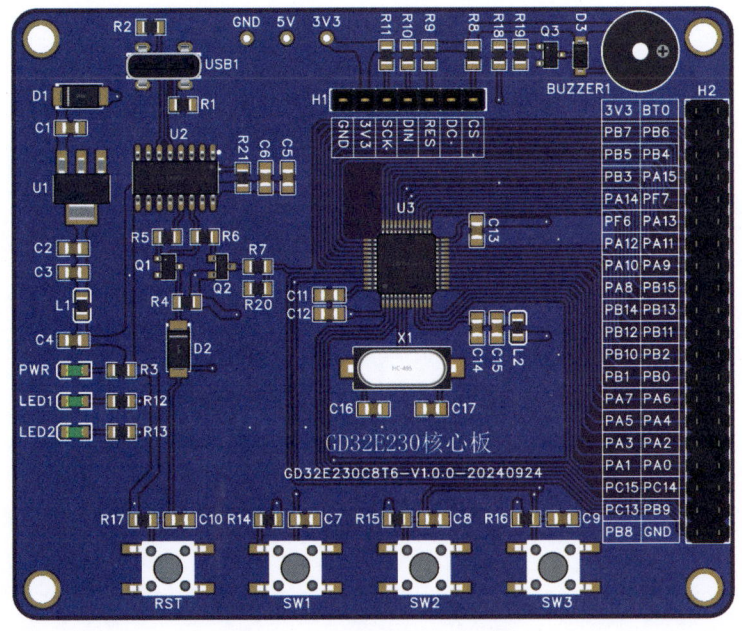

图2-1　GD32E230核心板

图2-2　0.96英寸7针OLED显示屏

2.4 基于GD32E230核心板可以开展的部分实验

基于 GD32E230 核心板可以开展丰富的实验,这里仅列出具有代表性的 20 个实验,如表 2-1 所示。

表2-1　GD32E230核心板可以开展的部分实验清单

序　号	实验名称	序　号	实验名称
1	基准工程实验	11	TIMER 与 PWM 输出实验
2	串口电子钟实验	12	TIMER 与输入捕获实验
3	GPIO 与流水灯实验	13	DAC 实验
4	GPIO 与独立按键输入实验	14	ADC 实验
5	串口通信实验	15	MCU 调试实验
6	定时器中断实验	16	RTC 实时时钟实验
7	SysTick 实验	17	独立看门狗定时器实验
8	RCU 实验	18	窗口看门狗定时器实验
9	外部中断实验	19	软件模拟 I²C 与读写 EEPROM 实验
10	OLED 显示实验	20	软件模拟 SPI 与读写 Flash 实验

本章任务

认识兆易创新,了解 GD32 及 GD32E230xx 系列微控制器。

本章习题

1. 简述 GD32 系列微控制器、兆易创新和 ARM 的关系。
2. 除了 GD32 系列微控制器,还有哪些常见的微控制器系列?

第 3 章　GD32E230 核心板原理图设计

在电路的设计与制作过程中，原理图设计是整个电路设计的基础。如何通过嘉立创 EDA（专业版）将 GD32E230 核心板电路用工程表达方式呈现出来，使电路符合需求和规则，是本章要完成的任务。通过本章的学习，读者将能够完成整个 GD32E230 核心板原理图的绘制，为后续设计 PCB 打下基础。

3.1　GD32E230核心板硬件设计需求

在设计电路板之前，要先明确硬件设计需求，需求可通过硬件逻辑框图体现，如图 3-1 所示。开始时应列出每个功能模块并确定主要元件型号，为后期设计详细电路提供依据。

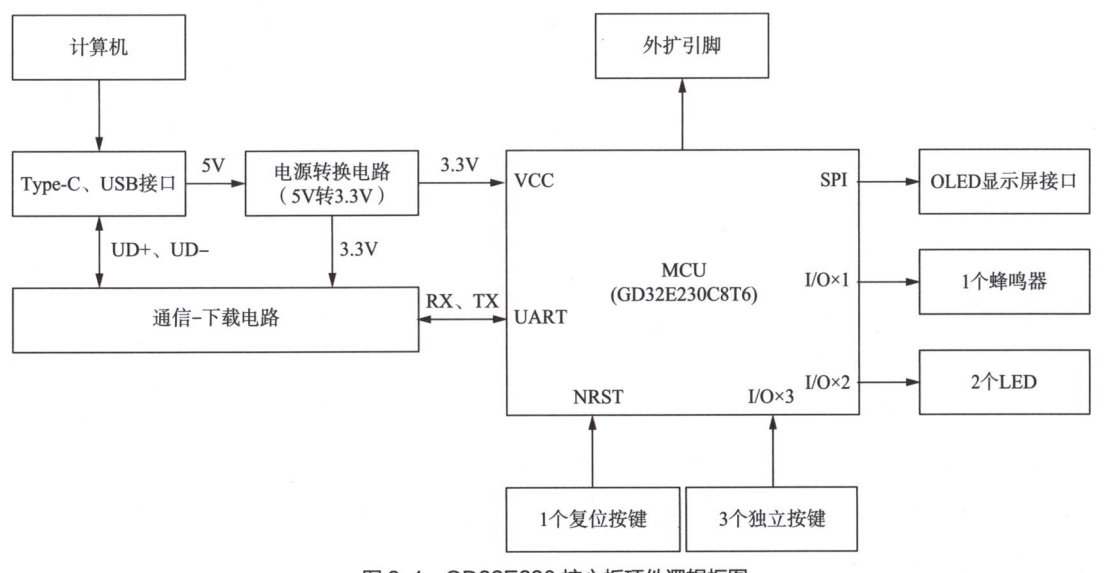

图 3-1　GD32E230 核心板硬件逻辑框图

3.2　新建工程

登录嘉立创 EDA（专业版），进入编辑器界面，单击"新建工程"按钮，如图 3-2 所示；或者在图 1-3 所示的编辑器界面执行菜单栏命令"文件"→"新建"→"工程"。

图 3-2 新建工程步骤 1

打开"新建工程"对话框（见图 3-3），在"工程"栏中输入工程名称：GD32E230 核心板 -V1.0.0-20240924。可以在"描述"栏中添加工程的相关描述。然后，单击"保存"按钮，完成工程的创建。

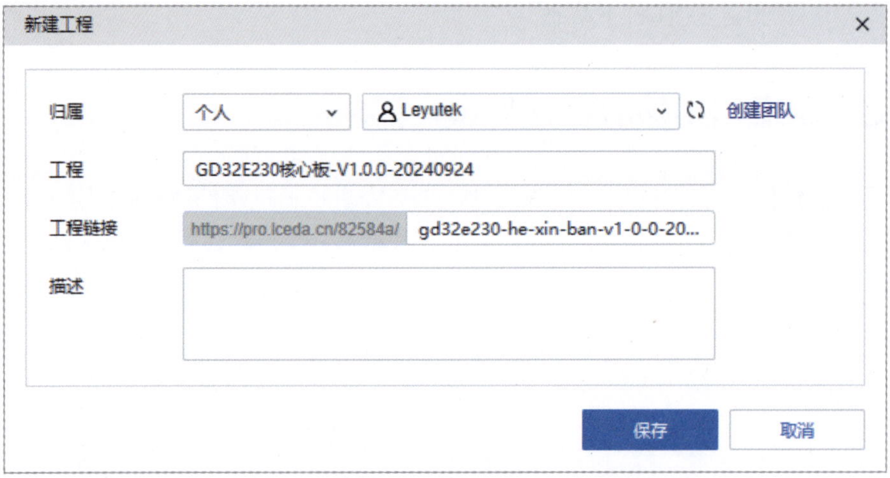

图 3-3 新建工程步骤 2

在编辑器界面左侧可以看到新建的工程，如图 3-4 所示。

在工程文件夹中，Board1 为工程的 1 个板，对于复杂的工程，可能会有多个板，GD32E230 核心板较为简单，只需要 1 个板。右键单击 Board1，选择"重命名"，将 Board1 重命名为"GD32E230 核心板"。原理图 Schematic1 默认只有 1 页图页，即 1.P1，嘉立创 EDA（专业版）支持一个工程有多个原理图，在绘制其他电路板时，可根据实际需求添加原理图图页，GD32E230 核心板只需要 1 页图页。将 Schematic1 和 PCB1 重命名为"GD32E230 核心板"，P1 重命名为 GD32E230C8T6，如图 3-5 所示。

图 3-4 新建的工程

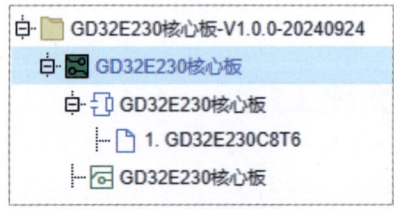

图 3-5 文件重命名

双击打开图页 1.GD32E230C8T6，原理图设计环境如图 3-6 所示。

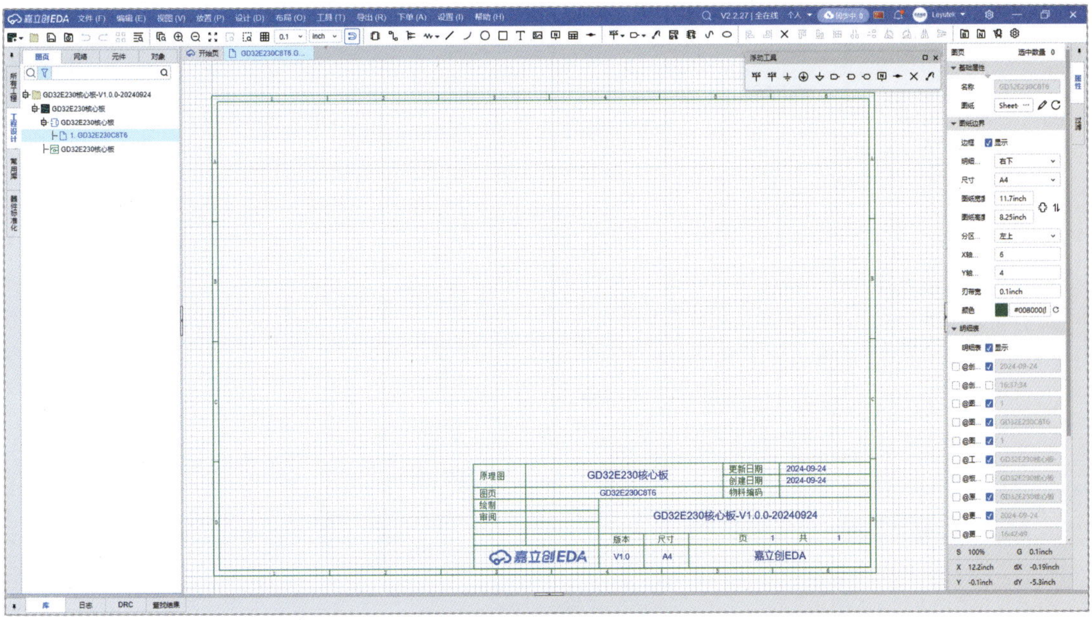

图 3-6　原理图设计环境

任何一个工程文件都需要版本管理，工程文件按照一定的规则命名保存，可避免发生版本丢失或混淆，也有助于工程的更新迭代。本书的工程文件夹的命名格式为"工程名 - 版本号 - 日期及字母版本号"，其中字母版本号可选。例如，文件夹"GD32E230 核心板 -V1.0.0-20240924"表示工程名为"GD32E230 核心板"，版本为V1.0.0，修改日期为2024年9月24日；又如，文件夹"GD32E230 核心板 -V1.0.0-20240924B"表示 2024 年 9 月 24 日修改了 3 次，第一次修改后名为"GD32E230 核心板 -V1.0.0-20240924"，第二次修改后名为"GD32E230 核心板 -V1.0.0-20240924A"；再如文件夹"GD32E230 核心板 -V1.0.2-20240924"表示电路板已打样 3 次，其版本号按时间先后依次为"V1.0.0""V1.0.1"和"V1.0.2"。

简单总结如下：工程文件夹的命名由工程名、版本号、日期和字母版本号（可选）组成。其中"工程名"的命名需与电路板的内容相关，即"顾名思义"。"版本号"从 V1.0.0 开始，每次打样后版本号加 1。PCB 确定后的发布版本只保留前两位，如 V1.0.2 版本经过测试确定后，在 PCB 发布时，版本号改为 V1.0。"日期"为 PCB 工程修改或完成的日期，如果一天内经过了若干次修改，则通过"字母版本号"进行区分。

3.3　原理图设计环境设置

在绘制原理图之前，需要先设置原理图设计环境。执行菜单栏命令"设置"→"原理图/符号"→"通用"进入设置页面，如图 3-7 所示。

"设置"对话框如图 3-8 所示。

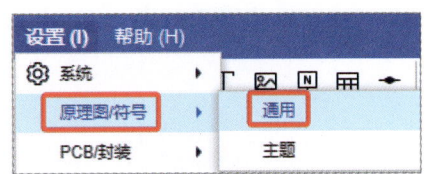

图 3-7　原理图设计环境设置步骤 1

图 3-8　原理图设计环境设置步骤 2

1. 设置网格尺寸

在"原理图 / 符号"→"通用"面板中,将"默认网格尺寸"中的"原理图"和"符号"设置为 0.1inch(1inch ≈ 2.54cm),两处"Alt 吸附"设置为 0.05inch,如图 3-9 所示,然后单击"确认"按钮。

图 3-9　设置网格尺寸

网格尺寸的设置有助于放置元件及连接导线,可保证连接导线时不出现偏移现象,从而降低错误发生的概率,同时可以使原理图更规范和美观。如图 3-10 所示,放置元件和字符、连接导线时需规范整齐，互不干涉，此时尺寸合适的网格会起到很大的辅助作用。

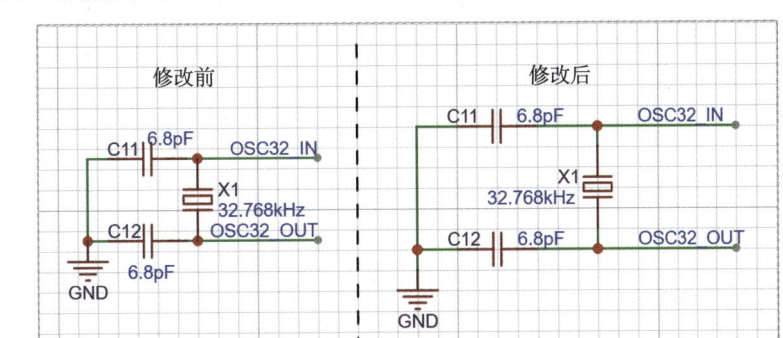

图 3-10 原理图绘制规范要求

当原理图没有按规范绘制时，可以设置网格尺寸为 0.1inch，然后框选电路，执行菜单栏命令"布局"→"对齐"→"对齐网格"，如图 3-11 所示，即可实现元件引脚批量自动对齐网格。

2. 设置图纸尺寸

系统默认的图纸尺寸为 A4，可以在原理图设计环境右侧的"图纸边界"面板中选择合适的图纸尺寸，如图 3-12 所示，这里选择 A3。

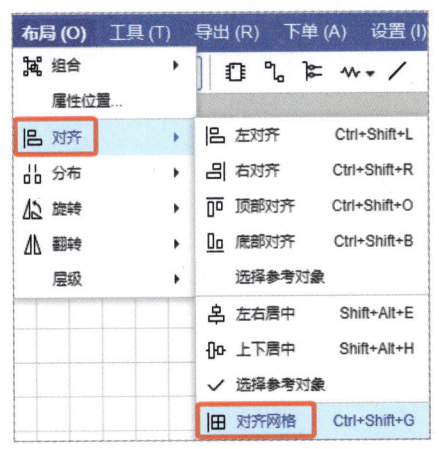

图 3-11 对齐网格

图 3-12 设置图纸尺寸

3.4 原理图绘制规范

规范地绘制原理图可以提高原理图的可读性和可靠性，从而提高开发人员的工作效率。下面介绍一些通用性规范。

1. 电源和地网络标识的放置规范

电源网络标识的统一形状为 T，相同电源的命名应一致，命名区分英文大小写。如图 3-13 所示，3.3V 电源可统一应用 3V3 标识。

电源网络标识在放置时，方向一般朝上，某些情况可以侧放，但不可朝下放置，如图 3-14 所示。

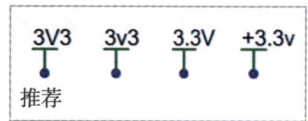
图 3-13 电源网络标识

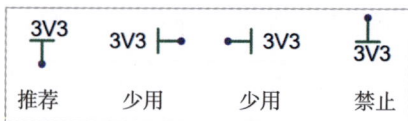
图 3-14 电源网络标识放置规范

根据地的使用场景,应使用不同的网络标识,如图 3-15 所示,地网络标识可分为数字地、模拟地和保护地。

地网络标识放置时,方向一般朝下,某些情况可以侧放,但不可朝上放置,如图 3-16 所示。

图 3-15 地网络标识

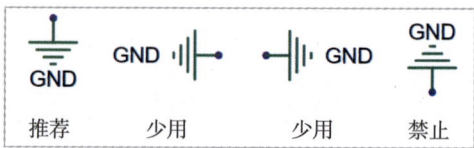
图 3-16 地网络标识放置规范

2. 上拉和下拉电阻的放置规范

上拉和下拉电阻的放置规范与电源和地网络标识类似,如图 3-17 所示。

3. 电阻、电容原理图符号使用规范

如图 3-18 所示,在绘制原理图时,不要同时出现两种类型的电阻或电容原理图符号,例如 R1 与 R3、C1 与 C3 不要同时出现;电阻值和电容值要明确显示,尽量无须换算,例如 R1 与 R2、C1 与 C2 不要同时出现,虽然两组元件各自的含义相同,但 102 和 105 的标识不直观,需要换算;电阻和电容的值也要统一,不要同时出现 100nF 和 0.1μF,如 C4 和 C5。若电路中对某些电阻、电容的精度有特殊要求,也需在原理图中显示出来,以防用错元件影响电路功能。

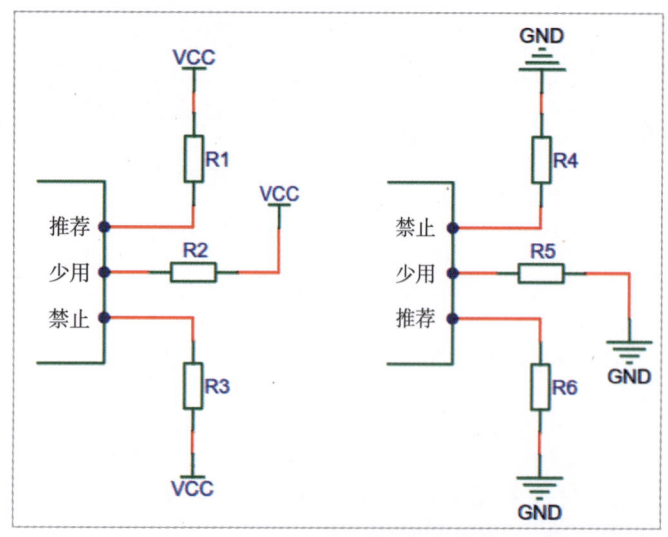
图 3-17 上拉和下拉电阻的放置规范

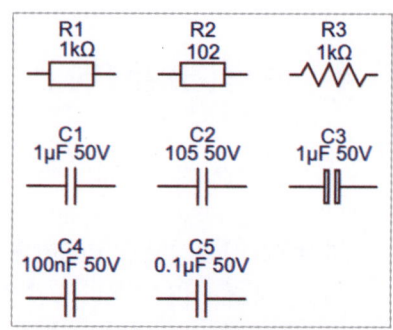
图 3-18 电阻、电容原理图符号

4. 网络标签命名规范

网络标签的命名要尽可能"顾名思义",并且统一使用大写英文字母,放置时标签要尽量对齐。如图3-19所示,修改后的电路更具有可读性,更整洁,通过前缀"OLED_"可以轻易识别出这些网络标签属于OLED显示屏接口模块,通过后缀"CS""RES"可以识别出上述引脚功能分别为片选和复位。

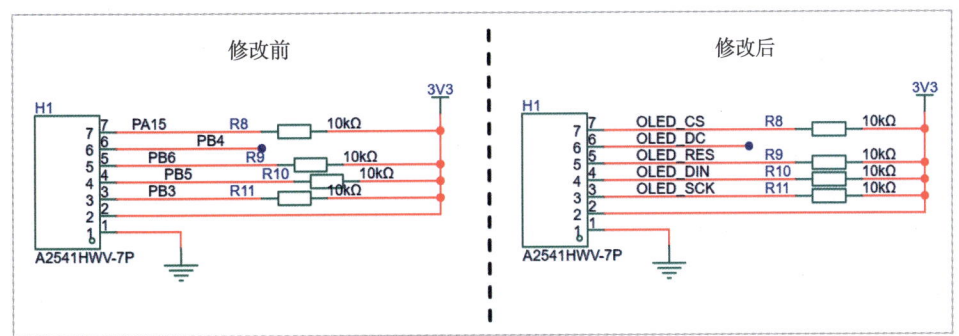

图3-19 网络标签

在编写网络标签文本时,要注意字符的大小写、英文与数字的区别、字符串的顺序等,同一个网络标签出现2次以上时,尽量采用复制、粘贴的方式,不要重新编写,以免出错。例如BOOT0,常见的编写错误形式有B00T0、BooT0、BOOTO等。

5. 测试点命名规范

为方便调试电路板,通常给关键信号、电源和地增加测试点,测试点的命名也要尽可能"顾名思义",尽量不使用TP1、TP2等名称。

6. 划分功能模块电路

电路按功能来划分区域,可形成每个功能模块电路,如电源模块、按键模块等,这能让原理图更清晰,使用户更快速地理解原理图,在调试、维修时,用户也更容易根据问题确定产生问题的相应位置。另外,功能模块电路经过验证后,在设计其他电路板时,可以直接复制使用,不需要重新绘制,这样可以提高电路的正确率和工程师的开发效率。

3.5 电路设计

3.5.1 USB电路

GD32E230核心板通过USB接口供电,同时可通过该USB接口传输数据。工程师编写完程序后,可以通过通信-下载电路将.hex(或.bin)文件下载到微控制器中。通信-下载电路通过USB转Type-C型连接线与计算机连接,使用GD32下载工具软件(如GigaDevice ISP Programmer),就可以将程序下载到GD32微控制器中,还可以实现计算机与GD32E230核心板之间的通信。

Type-C接口以引脚数量来区分,常用的可以分为24Pin、16Pin和6Pin,引脚数量不同,功能也不同。24Pin的Type-C接口是功能最齐全的,支持快速充电协议,USB2.0、USB3.0

音视频传输和通信协议等；16Pin 的 Type-C 接口除了不支持 USB3.0 高速传输，其他功能与 24Pin 的一致；6Pin 的 Type-C 接口仅支持快速充电协议。根据 GD32E230 核心板的 USB 设计需求，同时为节省成本，这里最终选择 16Pin 的 Type-C 接口。16Pin Type-C 接口的引脚信息如表 3-1 所示。

表3-1　16Pin Type-C接口的引脚信息

引脚编号	引脚名称	引脚说明	引脚编号	引脚名称	引脚说明
A1	GND	接地	B12	GND	接地
A4	VBUS	电源	B9	VBUS	电源
A5	CC1	配置通道	B8	SBU2	用于传输非 USB 信号
A6	D+	USB2.0 差分通信信号	B7	D-	USB2.0 差分通信信号
A7	D-	USB2.0 差分通信信号	B6	D+	USB2.0 差分通信信号
A8	SBU1	用于传输非 USB 信号	B5	CC2	配置通道
A9	VBUS	电源	B4	VBUS	电源
A12	GND	接地	B1	GND	接地

其中，SBU1 和 SBU2 引脚用于传输非 USB 信号（如音频信号），若电路中未使用这组引脚，可将其悬空。两组 D+ 和 D- 是 USB2.0 数据线。CC1 和 CC2 引脚可用于区分正、反插和主、从设备。通过查看 Type-C 接口的电缆和连接器规范文档（Universal Serial Bus Type-C Cable and Connector Specification）中有关配置通道的说明可知，CC1 和 CC2 引脚分别连接 5.1kΩ 的下拉电阻到地。

基于以上对 Type-C 接口的了解，下面开始设计 USB 电路。在立创商城上查找 16Pin 的 Type-C 接口，为降低初学者后期焊接的难度，这里选择直插的 Type-C 接口。搜索结果如图 3-20 所示，该 Type-C 接口的编号为 C6332304，外观如图 3-21 所示。另外，在元件选型过程中，除了要考虑功能参数，还需考虑价格、库存等因素。

图 3-20　直插的 Type-C 接口搜索结果

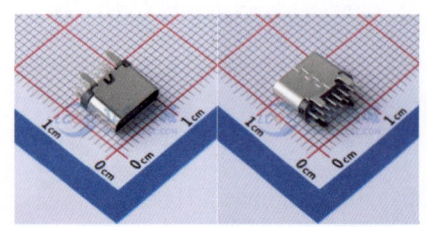

图 3-21　MC-118LD-H65 Type-C 接口外观

在图 3-20 中，单击"数据手册"，打开"C6332304 数据手册"对话框，Type-C 接口的原理图符号和 PCB 封装分别如图 3-22 中的左、右图所示。单击"点击下载"按钮，可以下载 Type-C 接口的规格书。在规格书中可以查到 Type-C 接口的引脚信息及规格尺寸。制作该原理图符号时会用到引脚信息，制作 PCB 封装时会用到规格尺寸，但嘉立创 EDA（专业版）已经提供了丰富的元件库资源，通常不需要用户制作。

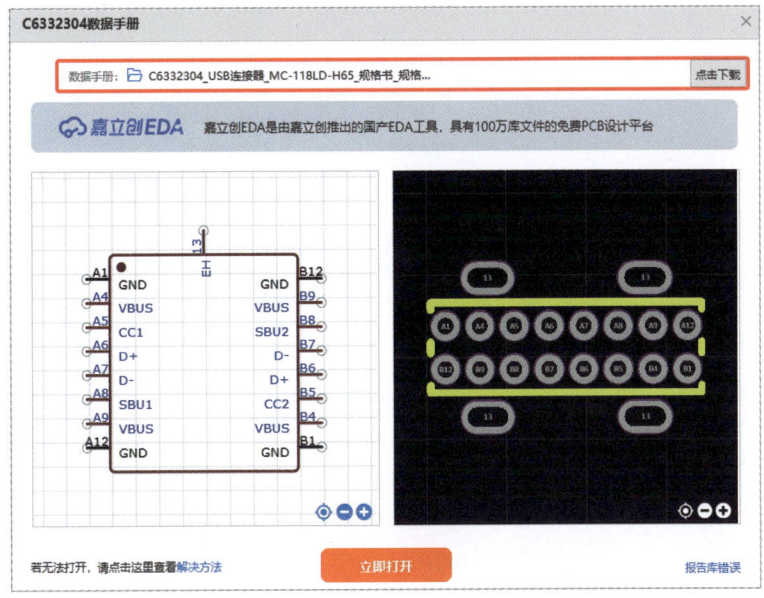

图 3-22　下载 Type-C 接口的规格书

（1）搜索并放置元件符号

下面介绍如何放置元件符号。在原理图设计环境底部的"库"标签页中，搜索编号 C6332304，搜索结果如图 3-23 所示。注意，搜索类型选择"器件"，并从"立创商城"或"嘉立创 EDA"中搜索。单击"放置"按钮，或双击元件符号（或搜索结果），元件符号即悬挂在光标上，再在图纸中单击即可放置元件，如图 3-24 所示，注意将网格尺寸设置为 0.1inch，元件符号引脚放在网格点上。

图 3-23　搜索元件符号

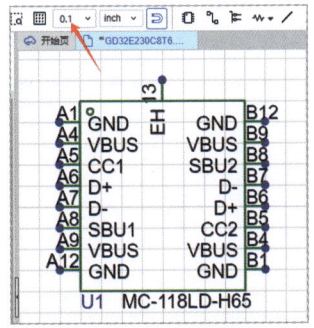

图 3-24　放置元件符号

单击 Type-C 接口符号，在原理图设计环境右侧的"属性"标签页中，将"位号"改为 USB1，同时勾选"位号"和"立创商城元件名"右侧的复选框，使"USB1"和"Type-C 母 直插"显示在图纸中，方便用户查看和理解原理图，如图 3-25 所示。

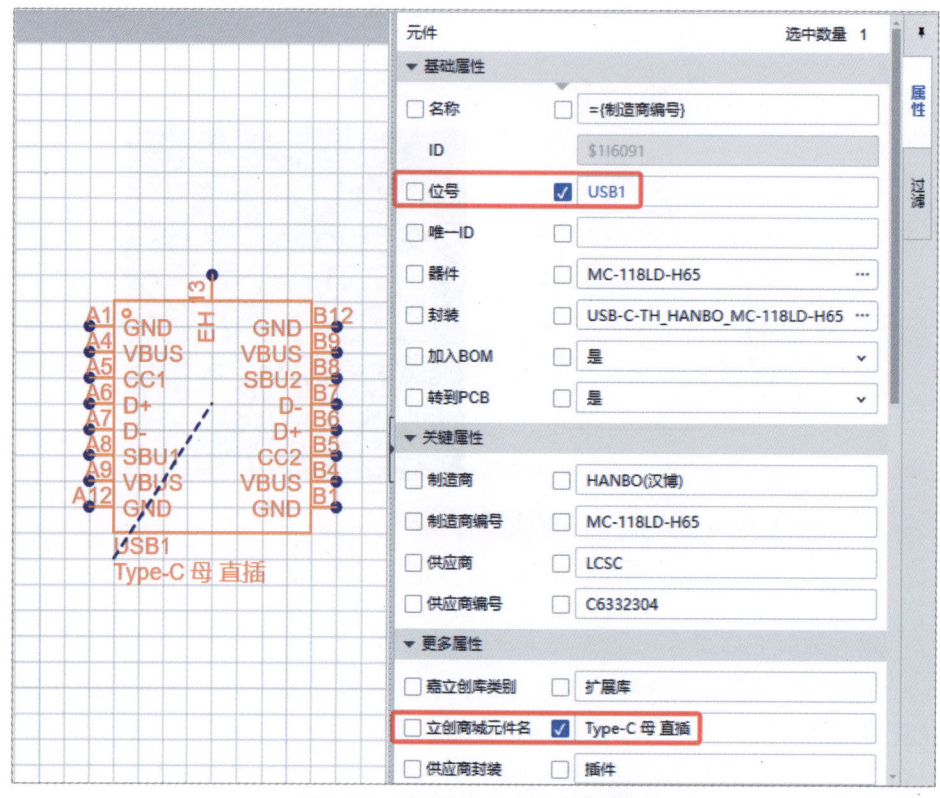

图 3-25 设置 Type-C 接口符号属性

将 Type-C 接口符号的 A1、A12、B1、B12 引脚接地（GND），将 A4、A9、B4、B9 引脚连接电源（VCC）。在如图 3-26 所示的"浮动工具"面板中，分别单击 ⏚ 和 ⏛ 符号，并放置在图纸中，如图 3-27 所示。

图 3-26 浮动工具

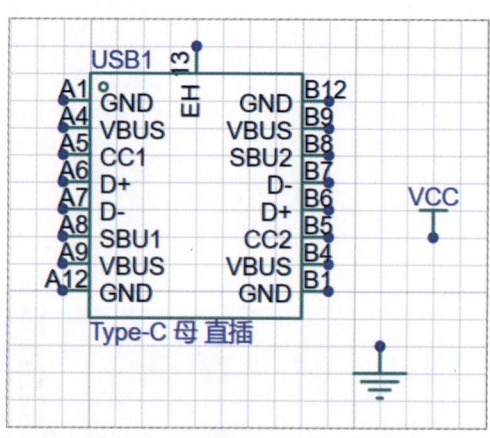

图 3-27 放置 VCC 和 GND 符号

Type-C 接口通过连接计算机或 5V 电源适配器给 GD32E230 核心板供电,所提供的电源电压为 5V,因此将 VCC 修改为 5V。单击选中 VCC 符号,在"属性"标签页中,将"名称"修改为 5V,如图 3-28 所示。

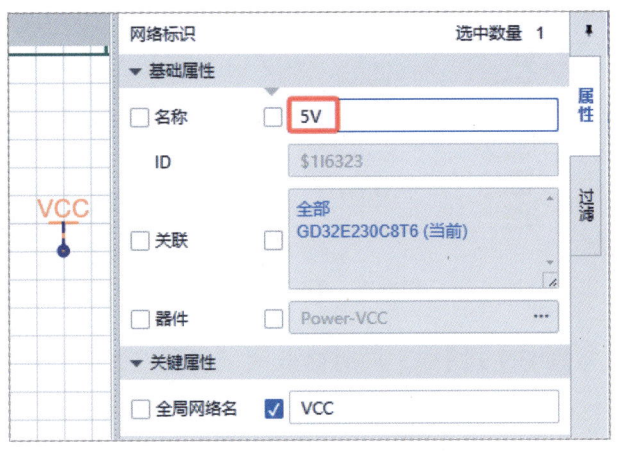

图 3-28　修改 VCC 符号属性

(2)连接导线

考虑到电路的美观性和可读性,可通过复制、粘贴的形式放置多个 5V 和 GND 符号,然后通过导线连接所有引脚。单击工具栏中的 按钮,或按快捷键"Alt+W",用导线连接对应的引脚和符号,如图 3-29 所示。其中,13 号 EH 引脚为 Type-C 接口的固定引脚,可连接 GND。

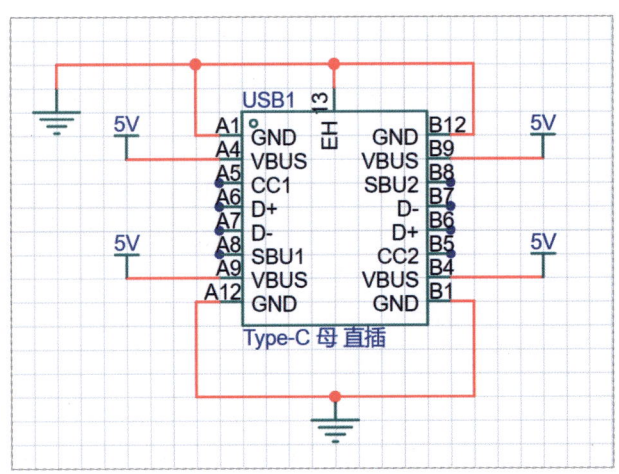

图 3-29　连接导线

(3)放置测试点

为方便调试电路板,通常会给关键信号加测试点,例如 5V 电源和 GND。测试点只有方便测试的作用,可以是一个带电气属性的通孔或焊盘,不需要焊接专门的测试点元件,相当于给万用表或示波器等测量仪器提供一个专门用于测试的位置,从而可以不需要将表笔或探头放到元件的引脚上测试,以达到降低测试难度和保护元件的目的。

在元件库中搜索"测试点0.9mm",在公开库中选择一个测试点,如图3-30所示。注意,该测试点是本书作者上传的,已经通过验证,当使用公开库中的其他元件时,要核对符号和封装的正确性,以免出错,在电路设计时,尽可能使用嘉立创EDA的系统库。

图3-30 测试点0.9mm

将测试点引脚连接到GND网络,同时修改测试点属性,将"名称"和"位号"设为GND,并勾选"位号"右侧的复选框,因为测试点不需要焊接元件,所以"加入BOM"项选"否","转到PCB"项选"是",如图3-31所示。同理放置5V电源网络的测试点。

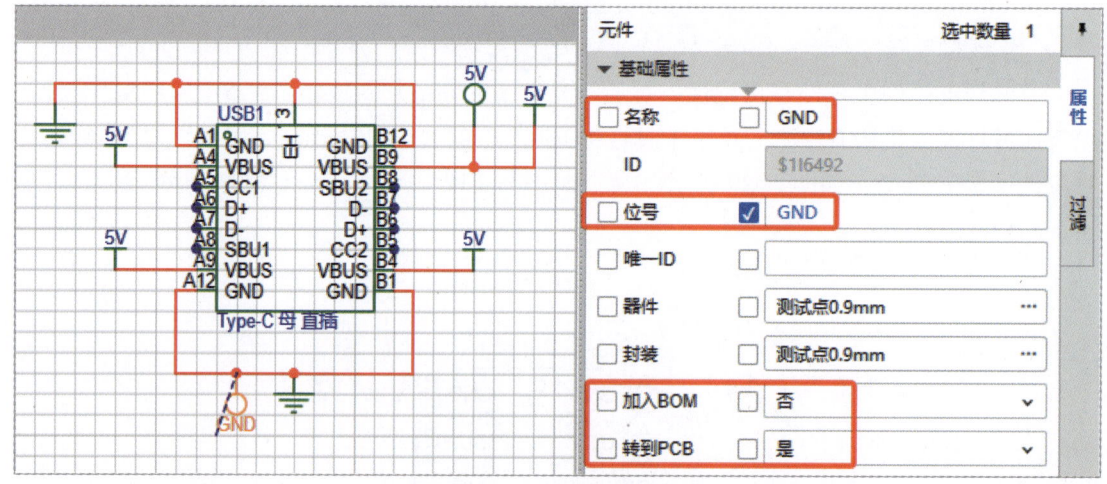

图3-31 放置测试点

CC1和CC2引脚连接5.1kΩ的下拉电阻到地,本电路对电阻精度没有特殊要求,精度通常选择±1%。贴片电阻的封装通常选择0603或0805,为方便新人手工焊接,封装可以选择0805。在系统库中搜索"5.1kΩ 0805",在搜索结果中选择参数符合的元件即可,本书选择的5.1kΩ电阻在立创商城中的编号为C27834。然后,将电阻连接到电路中,如图3-32所示。

(4)放置网络标签

Type-C接口的D+和D-引脚用于数据传输(使用USB通信协议),这两个引脚分别连接通信-下载电路中CH340C芯片的D+和D-引脚(见3.5.3节)。跨电路模块的引脚可通过网络标签进行连接,这样比通过导线来连接更简洁。另外,原理图通常是按照功能模块来设计的,这样有利于保证原理图的正确性,同时在PCB设计中,也是按照功能模块来布局元件的,网络标签的使用会使原理图功能模块的区分更明显。

第 3 章 GD32E230 核心板原理图设计

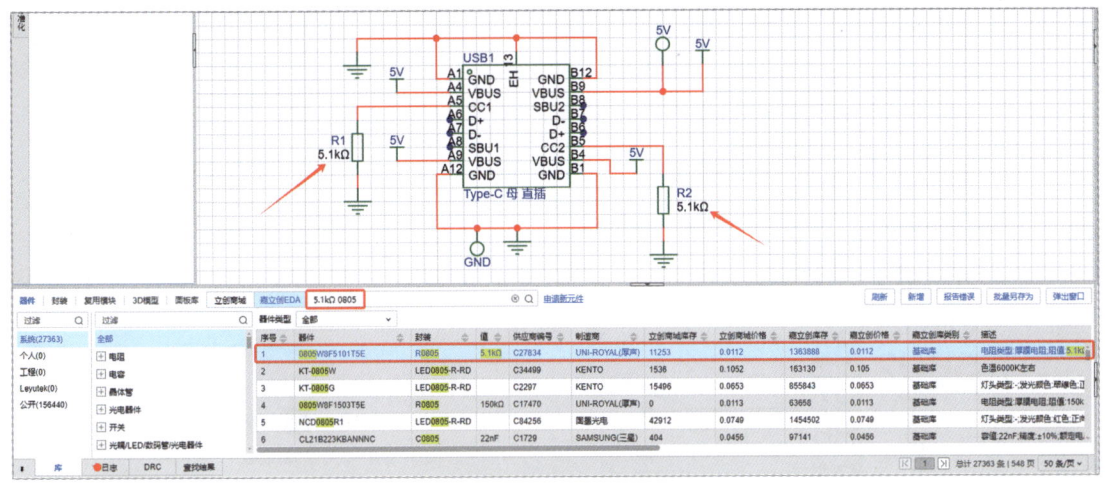

图 3-32 放置 5.1kΩ 电阻

如图 3-33 所示，先用导线将 D+ 和 D- 引脚引出一小段，然后单击"浮动工具"面板中的 ⊡ 按钮，此时光标上悬挂"+NET1"字符，按 Tab 键打开"网络标签"对话框，将"名称"改为 UD+，表示 USB1 的 D+ 信号网络，勾选"差分对"右侧的复选框，方便后期 PCB 布线。同理将 D- 引脚的网络标签命名为 UD-。

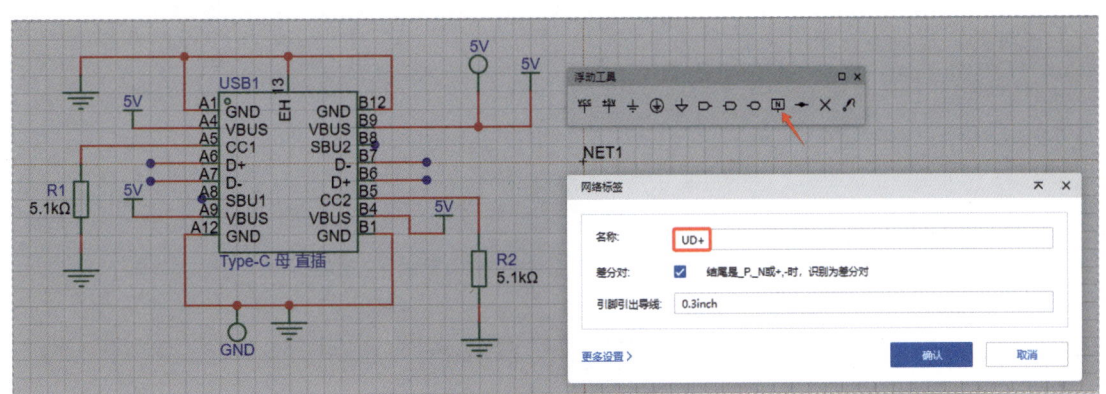

图 3-33 放置网络标签步骤 1

UD+ 和 UD- 网络标签的放置如图 3-34 所示，注意，放置网络标签时，网络标签的原点放置在导线上才有效，不可悬空，错误示范如图 3-35 所示。

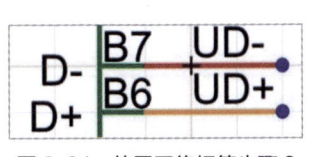

图 3-34 放置网络标签步骤 2 　　　　图 3-35 放置网络标签错误示范 1

建议将所有网络标签的原点位置都设置在左下角，并且不要按空格键旋转网络标签，否则容易错误放置网络标签，如图 3-36 所示，由于旋转了 UD+ 的网络标签，原点位置在右上角，放置时网络标签 UD+ 的原点连接到了 UD- 的导线上。放置网络标签出现错误的主要原因是未能正确理解网络标签的使用规范。网络标签应正确命名，且正确放置到对应的引脚导线上，才能起到连接各个电路模块中相同网络的作用。

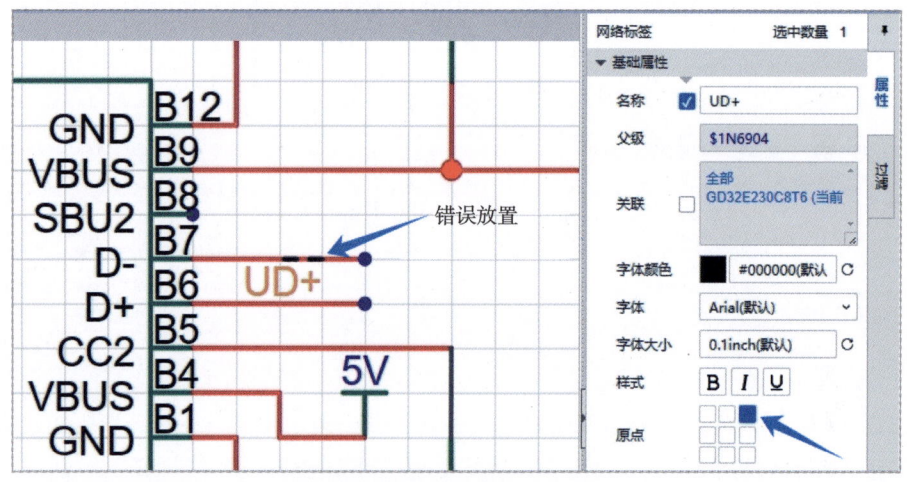

图 3-36　放置网络标签错误示范 2

（5）放置"非连接标识"符

在本电路中，SBU1 和 SBU2 引脚没有使用，悬空即可。单击"浮动工具"面板中的 ✕ 按钮，将"非连接标识"符放置在 SBU1 和 SBU2 引脚上，如图 3-37 所示。

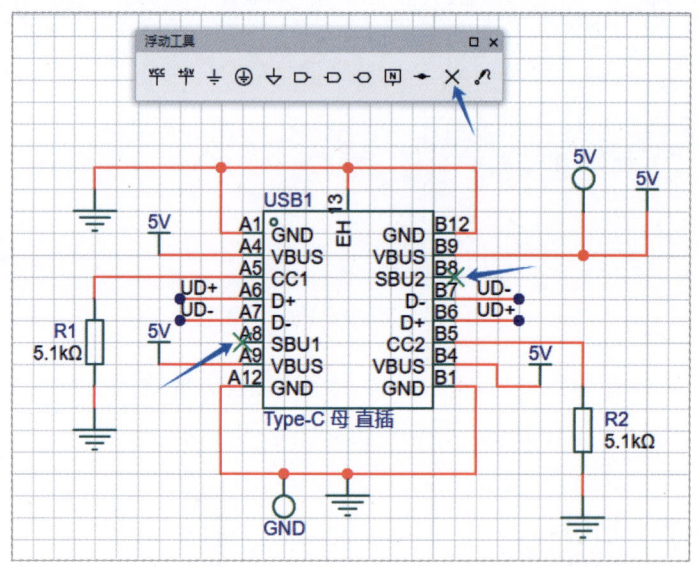

图 3-37　放置"非连接标识"符

（6）放置文本

每张原理图都由若干模块组成，在绘制原理图时，建议分模块绘制。这样绘制的优点是：①检查电路时可按模块逐个检查，提高了原理图设计的可靠性；②经过验证的模块可以应用于其他工程，因此应为每个模块添加模块功能名称。单击工具栏中的 T 按钮，在如

图 3-38 所示的"文本"对话框中,在"文本"输入框中输入"USB 电路",设置"字体"大小为 0.2inch,然后单击"放置"按钮,将文本放置在电路附近合适的位置即可。

图 3-38 放置文本

（7）绘制线框

为了更好地区分各个电路模块,可将独立的模块用线框隔离开。单击工具栏中的 ╱ 或 □ 按钮,在电路模块外围绘制线框,如图 3-39 所示。至此,USB 电路设计完成,用到的元件清单如表 3-2 所示。

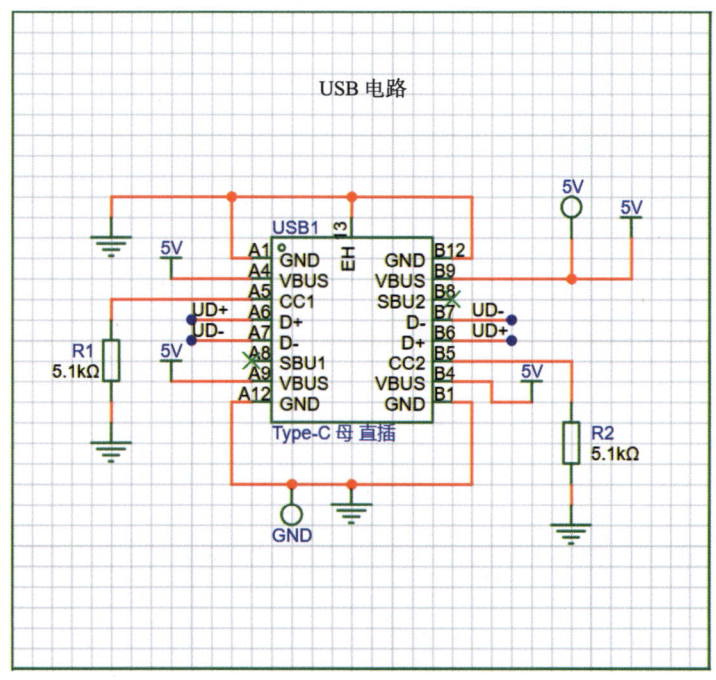

图 3-39 绘制线框

表3-2　USB电路元件清单

元件名称	位　号	元件编号	元 件 库
USB 连接器 Type-C 母座接口	USB1	C6332304	嘉立创 EDA
贴片电阻 5.1kΩ，±1%	R1、R2	C27834	嘉立创 EDA
测试点 0.9mm	5V、GND	/	公开库

电路设计完成后，应仔细检查。若电路设计有误，后期的 PCB 设计也必然有误。下面列举 USB 电路的一些常见错误，供读者自查。

①UD+ 和 UD- 线序接反。②5V 电源名称不统一，例如同时出现了 5V、+5V、5v、VCC 等名称。③未添加 5V、GND 测试点。④悬空的引脚未添加"非连接标识"符。错误示例如图 3-40 所示。

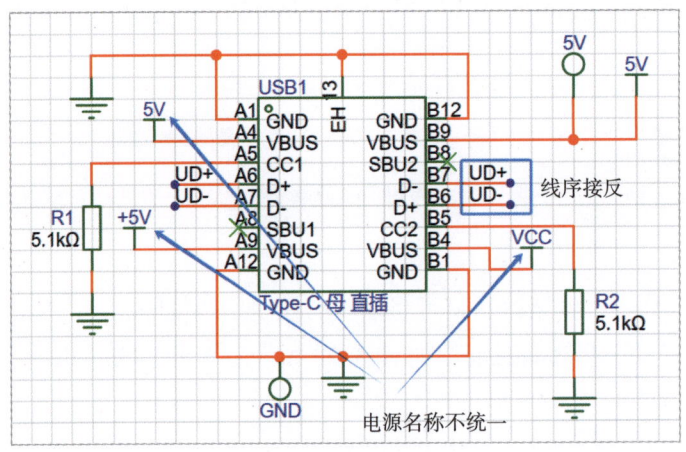

图 3-40　错误示例

3.5.2　电源转换电路（5V转3.3V）

由于 GD32E230C8T6 芯片的工作电压为 3.3V，还需要将 5V 电源降压至 3.3V。查看 AMS1117-3.3 芯片的数据手册，可知该芯片的输入电压范围为 4.75～15V，输出电流为 1A，输出电压固定为 3.3V。输入、输出电压之差可低至 1V，即输入电压至少比输出电压高 1V，AMS1117-3.3 芯片才能正常输出 3.3V 电压。

基于以上已知条件，设计电源转换电路（5V 转 3.3V）如图 3-41 所示。USB 电路的 Type-C 接口连接计算机，引入 5V 电源。为确保电路的稳定性和安全性，利用二极管的正向导通、反向截止的特性，在 5V 电源输入端串联一个肖特基二极管 SS210，用于防止电源反接和电流倒灌。AMS1117-3.3 芯片为低压差线性稳压芯片，可将 VIN 端输入的电压转换为 3.3V 并在 VOUT 端输出。C1 为电源输入滤波电容，C2、C3、C4 为电源输出滤波电容，用于抑制自激振荡，L1 为隔离滤波电感，R3 为限流电阻，PWR 为电源指示灯。

放置 AMS1117-3.3 芯片原理图符号时，可以单击选中该符号，然后单击工具栏中的 ▷ 按钮进行翻转，方便连接导线，如图 3-42 所示。

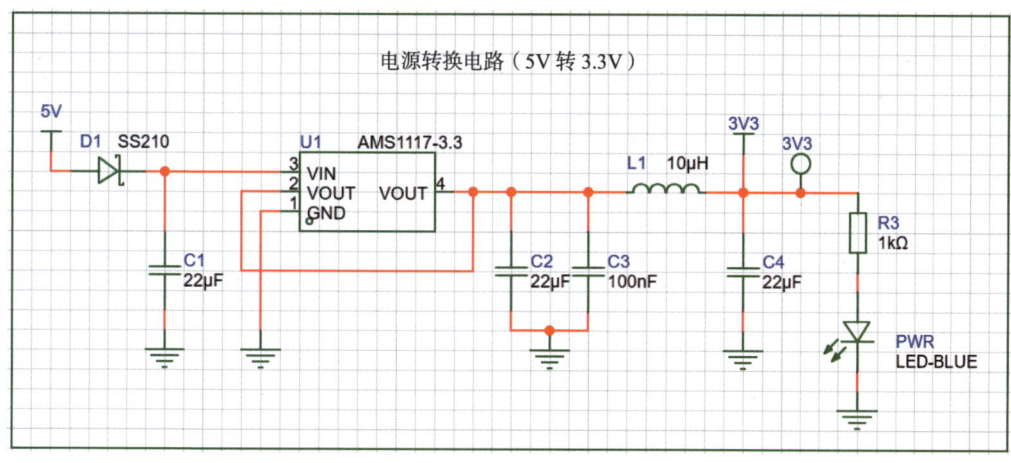

图 3-41 电源转换电路（5V 转 3.3V）

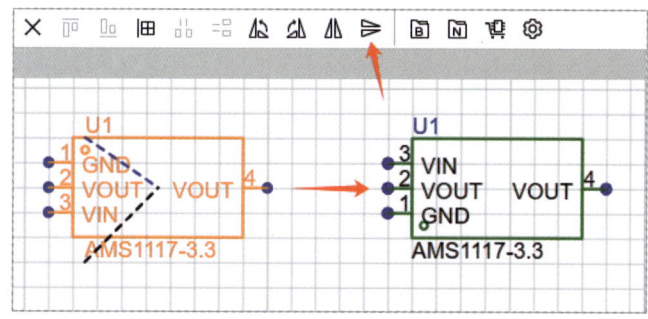

图 3-42 翻转元件原理图符号

电源转换电路（5V 转 3.3V）元件清单如表 3-3 所示。注意，电容要选择耐压值在电路电压 2 倍以上的型号。

表3-3 电源转换电路（5V转3.3V）元件清单

元件名称	位 号	元件编号	元件库
肖特基二极管 SS210	D1	C14996	嘉立创 EDA
贴片电容 22μF，±20%	C1、C2、C4	C45783	嘉立创 EDA
线性稳压器 AMS1117-3.3	U1	C6186	嘉立创 EDA
贴片电容 100nF，±10%	C3	C49678	嘉立创 EDA
贴片电感 10μH，±10%	L1	C1046	嘉立创 EDA
贴片电阻 1kΩ，±1%	R3	C17513	嘉立创 EDA
蓝色发光二极管	PWR	C84259	嘉立创 EDA
测试点 0.9mm	3V3	/	公开库

下面列举电源转换电路（5V 转 3.3V）的一些常见错误，供读者自查。

①未添加 3V3 测试点。②5V 电源名称与 USB 电路中的不一致。③电容的容值、型号、耐压值不正确。④SS210 的方向接反。⑤AMS1117-3.3 芯片的引脚连接错误，导致短路。错误示例如图 3-43、图 3-44 所示。

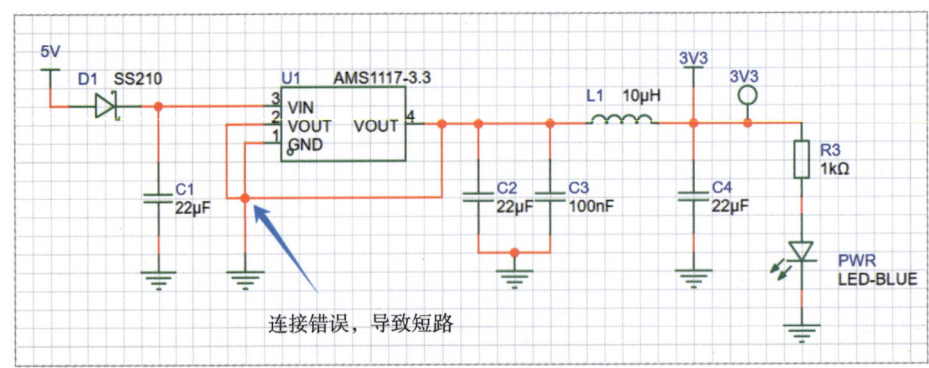

图 3-43 错误示例 1

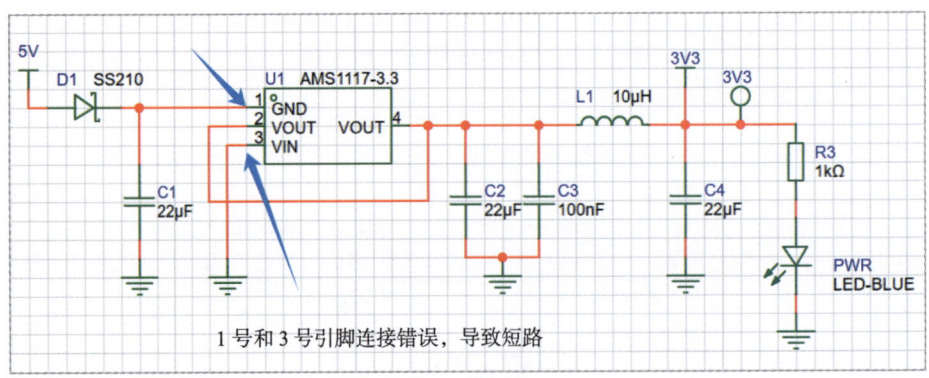

图 3-44 错误示例 2

3.5.3 通信-下载电路

在开发电子设备的过程中,经常需要连接计算机和微控制器、嵌入式系统等硬件设备进行调试和程序烧录,通过 USB 转 TTL 芯片,可以在计算机上直接与硬件设备进行通信,方便调试和烧录。USB 转 TTL 芯片是一种常见的串口通信转换芯片,它将 USB 信号转换为 TTL 电平信号,以实现计算机与微控制器之间的通信。GD32E230 核心板使用的 USB 转 TTL 芯片为 CH340C,芯片引脚说明如表 3-4 所示。

表3-4 CH340C芯片引脚说明

引脚编号	引脚名称	类型	引脚说明
1	GND	电源	公共接地端
2	TXD	输出	串行数据输出
3	RXD	输入	串行数据输入,内置可控的上拉和下拉电阻
4	V3	电源	使用 3.3V 电源电压时,连接 VCC 引脚输入外部电源,使用 5V 电源电压时,外接容值为 100nF 的退耦电容
5	D+	USB 信号	直接连到 USB 的 D+ 数据线,不要串联电阻
6	D-	USB 信号	直接连到 USB 的 D- 数据线,不要串联电阻
7	NC.	空脚	必须悬空

续表

引脚编号	引脚名称	类　型	引脚说明
8	OUT#	输出	MODEM 通用输出信号，软件定义，低电平有效。部分批次 CH340C 可选，切换为第二 DTR#
9	CTS#	输入	MODEM 联络输入信号，清除发送，低（高）电平有效
10	DSR#	输入	MODEM 联络输入信号，数据设备就绪，低（高）电平有效
11	RI#	输入	MODEM 联络输入信号，振铃指示，低（高）电平有效
12	DCD#	输入	MODEM 联络输入信号，载波检测，低（高）电平有效
13	DTR#	输出	MODEM 联络输出信号，数据终端就绪，低（高）电平有效
14	RTS#	输出	MODEM 联络输出信号，请求发送，低（高）电平有效
15	R232	输入	辅助 RS232 使能，高电平有效，内置下拉电阻
16	VCC	电源	电源正极输入端，需要外接 100nF 电容

根据 CH340C 芯片引脚说明，设计通信-下载电路如图 3-45 所示，用到的元件清单如表 3-5 所示。CH340C 芯片的 VCC 引脚连接 3.3V 电源，并且连接 22μF 和 100nF 电容滤波，使电源更稳定，以保证 CH340C 芯片正常工作；V3 引脚连接 VCC（16 号引脚），即连接 3V3；D+ 和 D- 引脚分别连接 Type-C 接口的 UD+ 和 UD- 引脚；TXD 和 RXD 引脚通过网络标签 USART0_RX 和 USART0_TX 分别连接 GD32E230C8T6 芯片的 PA10 和 PA9 引脚（见 3.5.8 节）。注意，TX 表示发送引脚，RX 表示接收引脚，所以 CH340C 与 GD32E230C8T6 芯片的 TX、RX 引脚应交叉相连，即 TXD 连接 PA10（USART0_RX），RXD 连接 PA9（USART0_TX）。DTR# 和 RTS# 引脚的电平由 GD32 下载工具软件控制，通过控制 BOOT0 和 NRST 引脚的电平状态来实现程序自动下载功能。

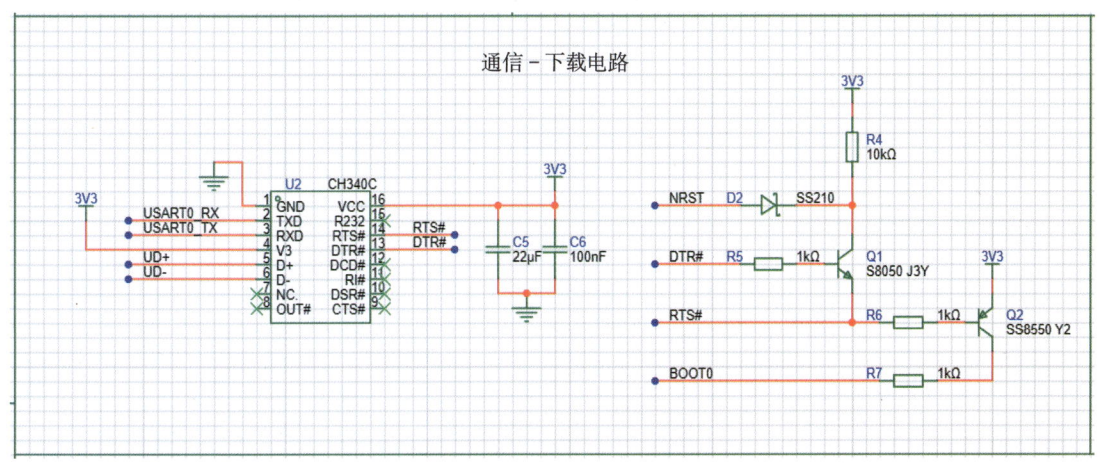

图 3-45　通信-下载电路

表3-5　通信-下载电路元件清单

元件名称	位　号	元件编号	元件库
USB 转换芯片 CH340C	U2	C84681	嘉立创 EDA
肖特基二极管 SS210	D2	C14996	嘉立创 EDA

续表

元件名称	位号	元件编号	元件库
贴片电容 22μF，±20%	C5	C45783	嘉立创 EDA
贴片电容 100nF，±10%	C6	C49678	嘉立创 EDA
贴片电阻 10kΩ，±1%	R4	C17414	嘉立创 EDA
贴片电阻 1kΩ，±1%	R5、R6、R7	C17513	嘉立创 EDA
晶体三极管 S8050 J3Y	Q1	C2146	嘉立创 EDA
晶体三极管 SS8550 Y2	Q2	C8542	嘉立创 EDA

下面列举通信－下载电路的一些常见错误，供读者自查。

① 3V3 电源命名不一致。② UD+ 和 UD−、USART0_RX 和 USART0_TX、DTR#、RTS# 网络标签名称拼写错误，或芯片引脚接错。③ BOOT0 网络标签名称拼写错误，例如写成了 B00T0，即大写字母 O 写成了数字 0。④ DTR# 和 RTS# 网络标签拼写错误，或接错导线，或未添加网络标签，或将二者连在一起了。⑤ 晶体三极管 S8050 J3Y 和 SS8550 Y2 用错型号或引脚连接错误。错误示例如图 3-46、图 3-47 所示。

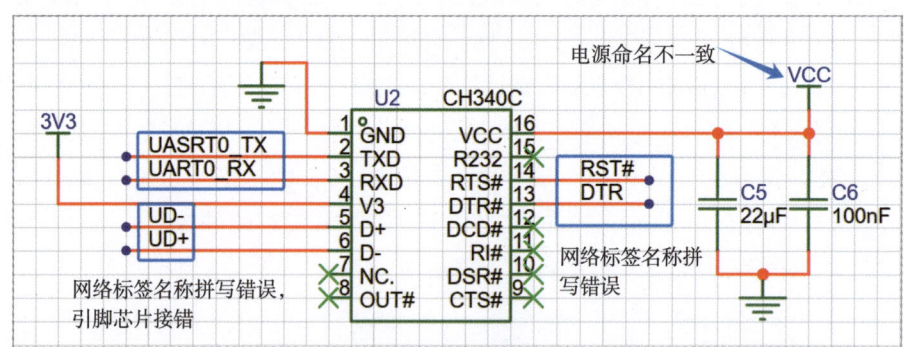

图 3-46　错误示例 1

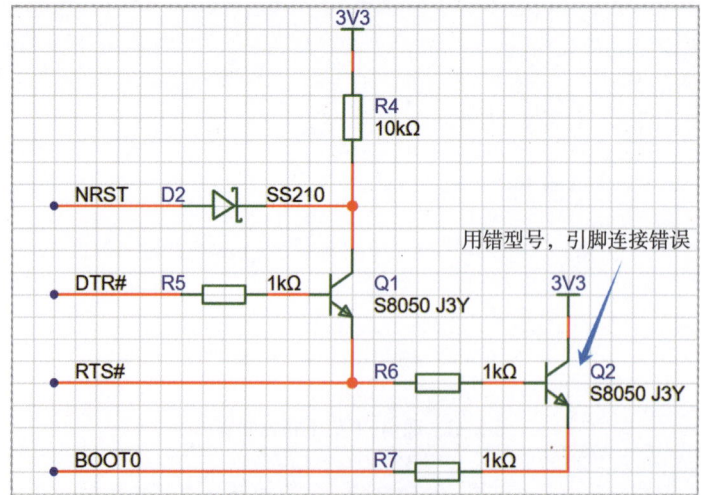

图 3-47　错误示例 2

3.5.4 独立按键和复位按键电路

GD32E230 核心板上有 3 个独立按键（SW1、SW2 和 SW3）和 1 个复位按键（RST），原理图如图 3-48 所示，用到的元件清单如表 3-6 所示。

在独立按键电路中，KEY1 网络连接 GD32E230C8T6 芯片的 PA0 引脚，KEY2 网络连接 PA12 引脚，KEY3 网络连接 PF7 引脚。SW1 按键的电路与另外两个按键的电路不同，连接 KEY1 网络的 PA0 引脚除了可以用作 GPIO，还可以通过配置备用功能来实现芯片的唤醒。SW1 按键通过一个 10kΩ 电阻连接 3.3V 电源网络，按键未按下时，PA0 引脚为低电平；按键按下时，PA0 引脚为高电平。SW2 和 SW3 按键都分别与一个电容并联，且通过一个 10kΩ 电阻连接 3.3V 电源网络，按键未按下时，输入芯片引脚上的电平为高电平；按键按下时，输入芯片引脚上的电平为低电平。

在复位按键电路中，NRST 引脚通过一个 10kΩ 电阻连接 3.3V 电源网络，因此用于复位的 NRST 引脚默认为高电平，只有复位按键 RST 按下时，NRST 引脚为低电平，GD32E230C8T6 芯片才进行一次系统复位。

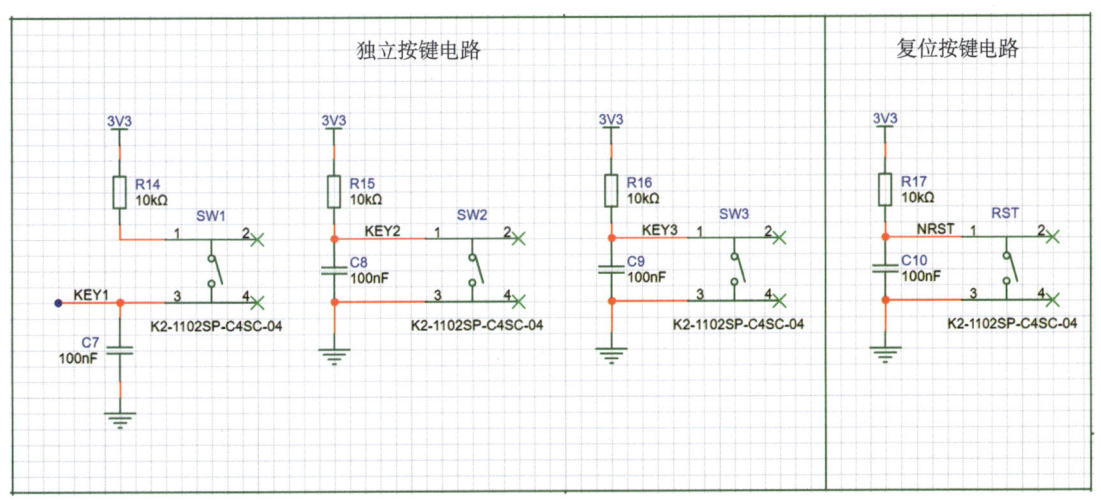

图 3-48　独立按键和复位按键电路

表3-6　独立按键和复位按键电路元件清单

元件名称	位　　号	元件编号	元件库
贴片轻触开关 6mm×6mm×5mm	SW1、SW2、SW3、RST	C127509	嘉立创 EDA
贴片电容 100nF，±10%	C7、C8、C9、C10	C49678	嘉立创 EDA
贴片电阻 10kΩ，±1%	R14、R15、R16、R17	C17414	嘉立创 EDA

下面列举独立按键和复位按键电路的一些常见错误，供读者自查。

① KEY1、KEY2、KEY3、NRST 等网络标签名称拼写错误，例如，同时出现 KEY、key、Key 等名称。② 未添加 KEY1、KEY2、KEY3 等网络标签。③ 由于复位按键电路复制自独立按键电路，连接上拉电阻的网络标签会自动递增为 KEY4，需更改为 NRST，未更改

将导致复位按键的引脚没有连接到 GD32E230C8T6 芯片上，致使复位功能失效。④按键引脚连接错误，导致有的引脚无法连通。错误示例如图 3-49、图 3-50 所示。

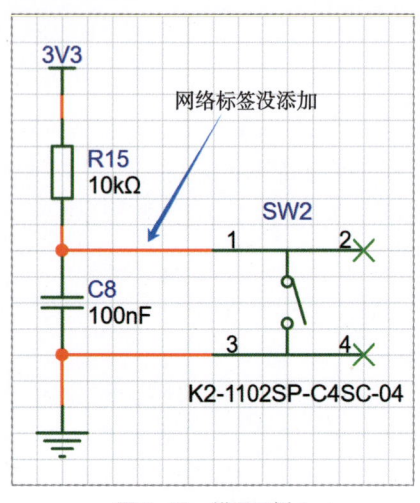

图 3-49　错误示例 1

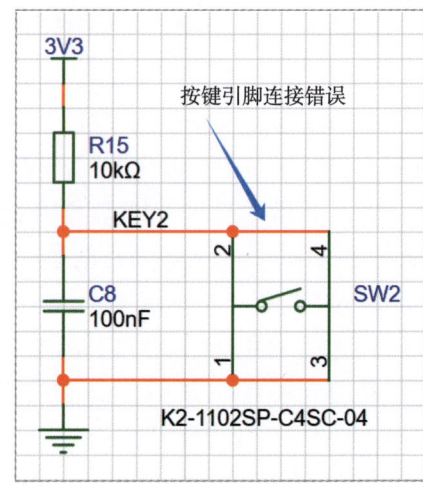

图 3-50　错误示例 2

3.5.5　蜂鸣器电路

电子钟使用了一个有源蜂鸣器，其工作电压范围为 1.5 ～ 4.5V，频率为 3kHz。基于该蜂鸣器，设计电路如图 3-51 所示，用到的元件清单如表 3-7 所示。晶体三级管 S8050 J3Y 起开关作用，电阻 R18 和 R19 对 BEEP 网络进行分压。当 BEEP 端为高电平时（由 GD32E230C8T6 芯片的 I/O 控制，高电平通常接近 3.3V），电阻 R19 两端的电压约为 3V，此时 Q3 导通，蜂鸣器负极接地，蜂鸣器鸣叫；当 BEEP 端为低电平时，Q3 截止，蜂鸣器静息。

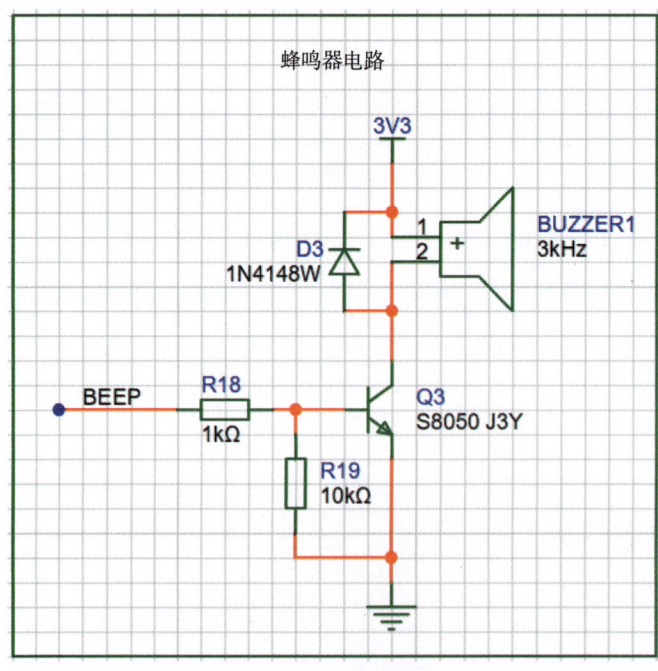

图 3-51　蜂鸣器电路

表3-7 蜂鸣器电路元件清单

元件名称	位 号	元件编号	元 件 库
有源蜂鸣器	BUZZER1	C96102	嘉立创 EDA
开关二极管 1N4148W	D3	C2099	嘉立创 EDA
贴片电阻 10kΩ,±1%	R19	C17414	嘉立创 EDA
贴片电阻 1kΩ,±1%	R18	C17513	嘉立创 EDA
晶体三极管 S8050 J3Y	Q3	C2146	嘉立创 EDA

下面列举蜂鸣器电路的一些常见错误,供读者自查。

①晶体三极管 Q3 的方向接反了,元件型号用错了。②二极管 D3 的方向接反了。③蜂鸣器的正负极引脚接反了。错误示例如图 3-52 所示。

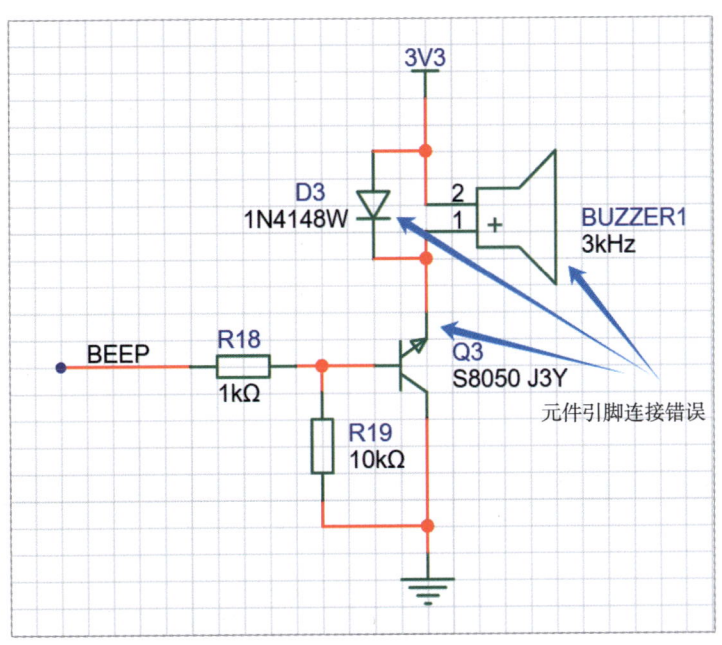

图 3-52 错误示例

3.5.6 LED电路

LED 电路如图 3-53 所示,用到的元件清单如表 3-8 所示。蓝色发光二极管 LED1 和 LED2 分别与一个 1kΩ 电阻串联后连接到 GD32E230C8T6 芯片的 PA8 和 PB9 引脚,电阻起分压限流的作用,可以通过更换不同阻值的电阻来调节发光二极管的亮度。当 PA8 为高电平时,LED1 点亮;当 PA8 为低电平时,LED1 熄灭。LED2 工作方式同理。

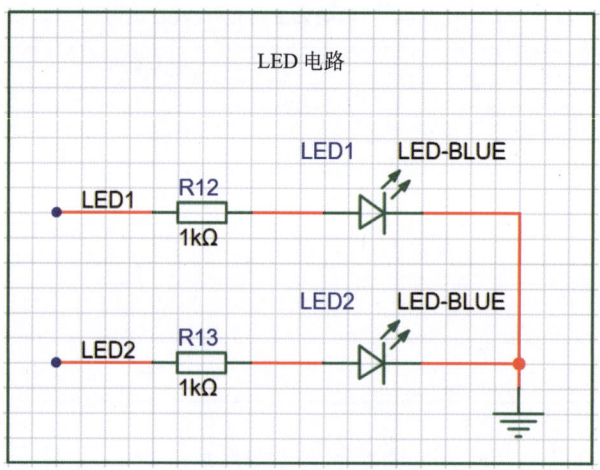

图 3-53 LED 电路

表3-8 LED电路元件清单

元件名称	位　号	元件编号	元　件　库
蓝色发光二极管	LED1、LED2	C84259	嘉立创 EDA
贴片电阻 1kΩ，±1%	R12、R13	C17513	嘉立创 EDA

下面列举 LED 电路的一些常见错误，供读者自查。

①发光二极管方向接反了。②网络标签悬空了。③ LED1、LED2 网络标签名称拼写错误或不一致，例如同时出现了 LED、led、Led 等名称。错误示例如图 3-54 所示。

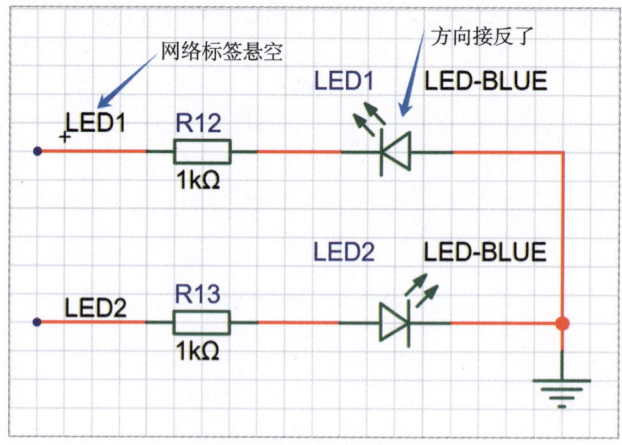

图 3-54 错误示例

3.5.7 OLED显示屏接口电路

OLED 显示屏接口电路如图 3-55 所示，用到的元件清单如表 3-9 所示。OLED_CS 为片选信号，低电平有效，连接到 GD32E230C8T6 芯片的 PA15 引脚；OLED_DC 为数据/命令控制信号，当数据/命令 =1 时传输数据，当数据/命令 = 0 时传输命令，该信号连接 PB4 引脚；OLED_RES 为复位引脚，低电平有效，连接 PB6 引脚；OLED_DIN 为数据线，连接 PB5 引脚；OLED_SCK 为时钟线，连接 PB3 引脚。

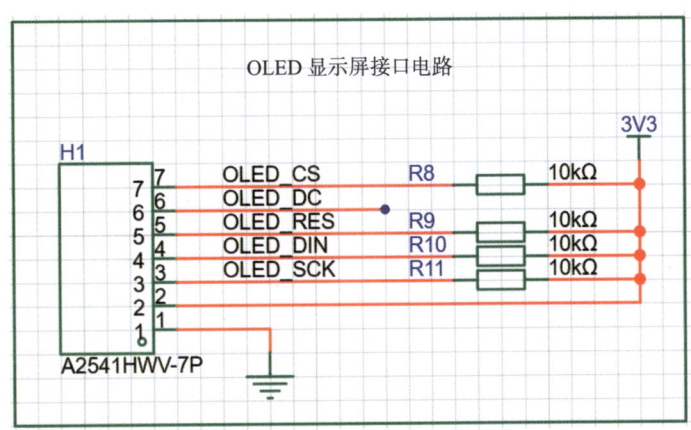

图 3-55 OLED 显示屏接口电路

表3-9 OLED显示屏接口电路元件清单

元件名称	位 号	元件编号	元 件 库
单排直插排母 7P	H1	C225504	嘉立创 EDA
贴片电阻 10kΩ，±1%	R8、R9、R10、R11	C17414	嘉立创 EDA

下面列举 OLED 显示屏接口电路的一些常见错误，供读者自查。

①网络标签拼写错误或不一致，例如同时出现了 OLED_RES 和 OLED RES 等名称。

②OLED_RES 等网络接错引脚或线序，应根据 OLED 显示屏（见图2-2）的引脚来确定线序。

3.5.8 GD32系列微控制器电路

GD32 微控制器电路如图 3-56 所示，用到的元件清单如表 3-10 所示。电源网络通常会有高频噪声和低频噪声，大电容对低频噪声有较好的滤波效果，小电容对高频噪声有较好的滤波效果。GD32E230C8T6 芯片有 2 组数字电源 – 地引脚，即 VDD 和 VSS，还有一组模拟电源 – 地引脚，即 VDDA 和 VSSA。C11、C12、C13 这 3 个电容用于滤除数字电源引脚上的高频噪声，C14 和 C15 用于滤除模拟电源引脚上的噪声。为了达到良好的滤波效果，还需要在进行 PCB 布局时，尽可能将这些电容摆放在对应的电源 – 地回路之间，且布线越短越好。

GD32 微控制器具有非常强大的时钟系统，除内置的高速和低速时钟系统，还可以通过外接晶振，为微控制器提供高精度的时钟系统。X1 为 8MHz 无源晶振，连接时钟系统的外部高速时钟。另外，BOOT0 引脚是 GD32E230C8T6 芯片启动模块选择端口，当 BOOT0 为低电平时，系统从内部 Flash 启动。

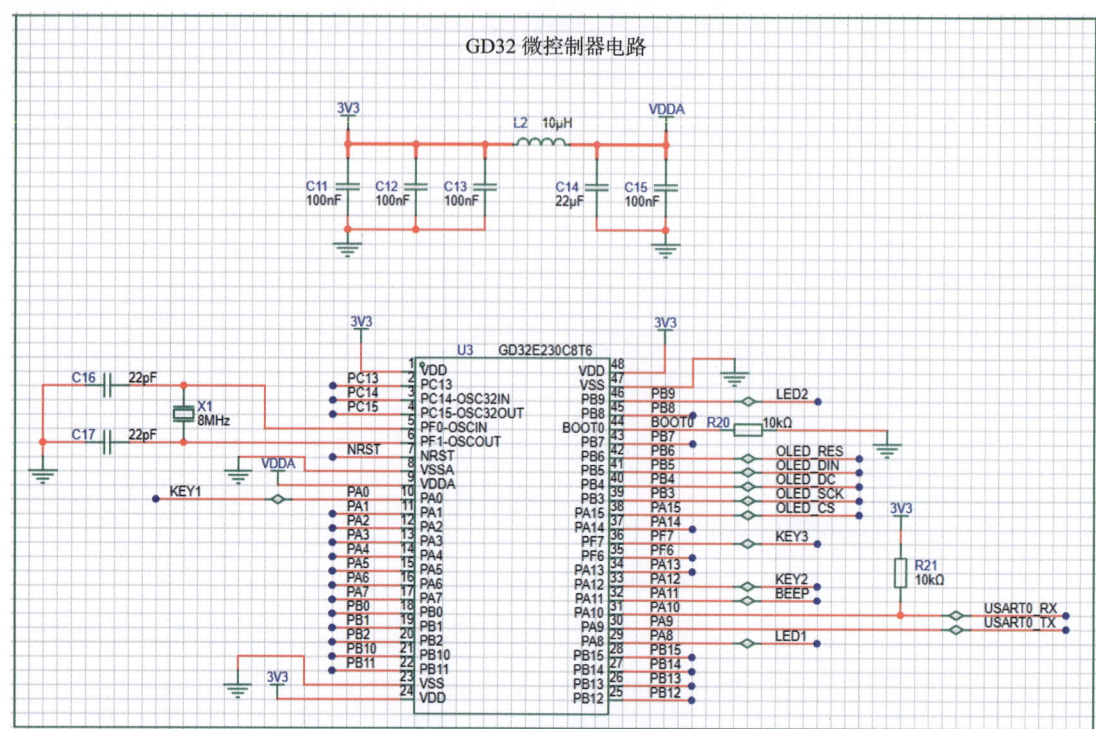

图 3-56　GD32 微控制器电路

表3-10　GD32微控制器电路元件清单

元件名称	位　　号	元件编号	元件库
微控制器 GD32E230C8T6	U3	C380535	嘉立创 EDA
贴片电阻 10kΩ，±1%	R20、R21	C17414	嘉立创 EDA
贴片晶振 8MHz	X1	C12674	嘉立创 EDA
贴片电容 22pF，±5%	C16、C17	C1804	嘉立创 EDA
贴片电容 100nF，±10%	C11、C12、C13、C15	C49678	嘉立创 EDA
贴片电容 22μF，±20%	C14	C45783	嘉立创 EDA
贴片电感 10μH，±10%	L2	C1046	嘉立创 EDA

在 GD32 微控制器电路中，需要根据 GD32E230C8T6 芯片的引脚名称放置网络标签，批量放置的方式如图 3-57 所示，右键单击 GD32E230C8T6 芯片，在快捷菜单中选择"扇出网络标签/非连接标识"。

在"扇出网络标签"对话框中，先按住 Shift 键并单击第一个和最后一个引脚，复选所有引脚，再按 Ctrl 键取消选择电源和地（VDD、VSS、VDDA、VSSA）及晶振引脚（PF0、PF1），如图 3-58 所示，然后单击"将引脚名称填入网络名"按钮。先后双击"网络名"列中的 PC14-OSC32IN 和 PC15-OSC32OUT，分别修改为 PC14 和 PC15，最后单击"确认"按钮完成批量放置网络标签，如图 3-59 所示。

第 3 章　GD32E230 核心板原理图设计

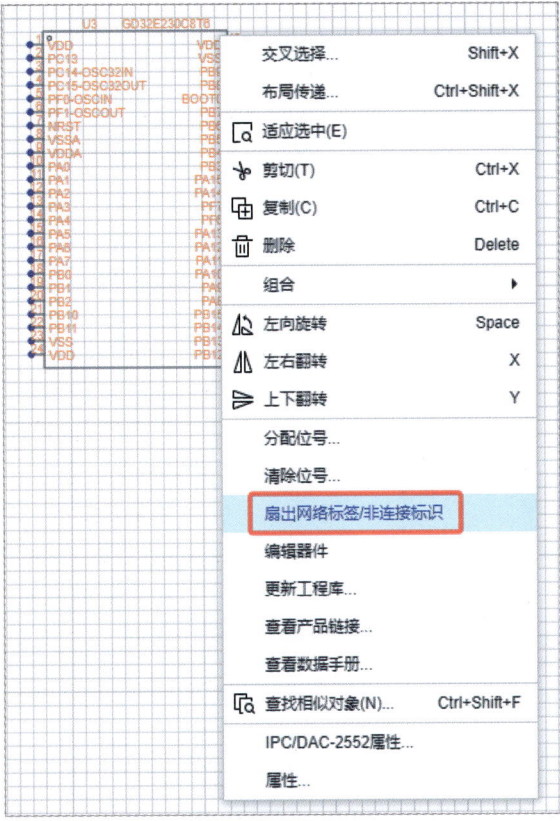

图 3-57　批量放置网络标签步骤 1

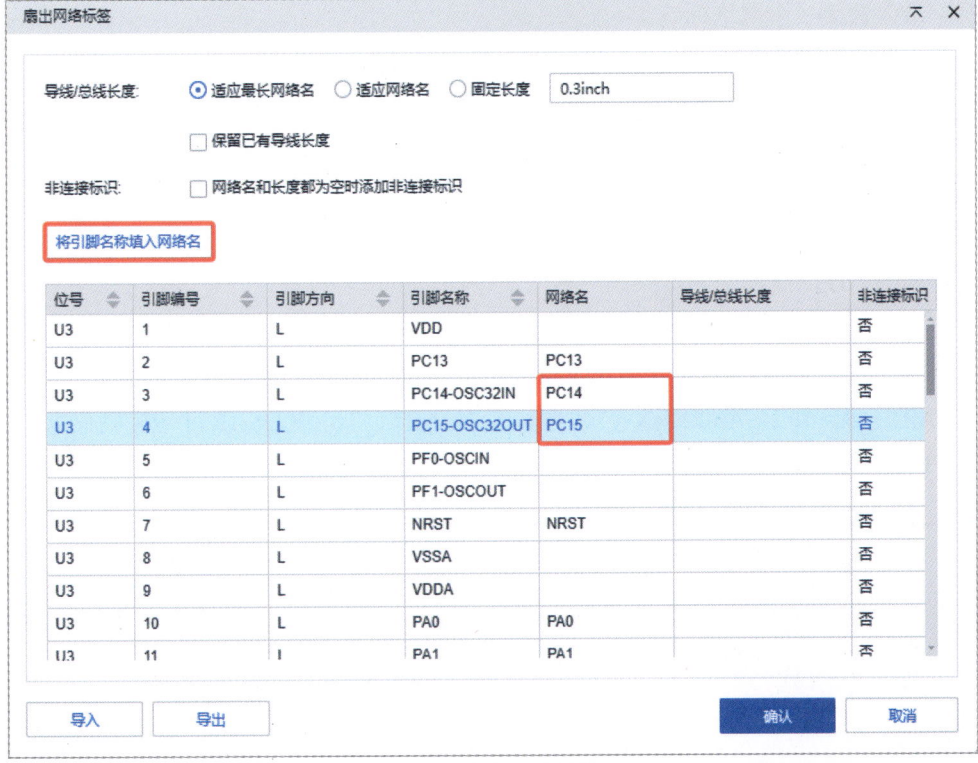

图 3-58　批量放置网络标签步骤 2

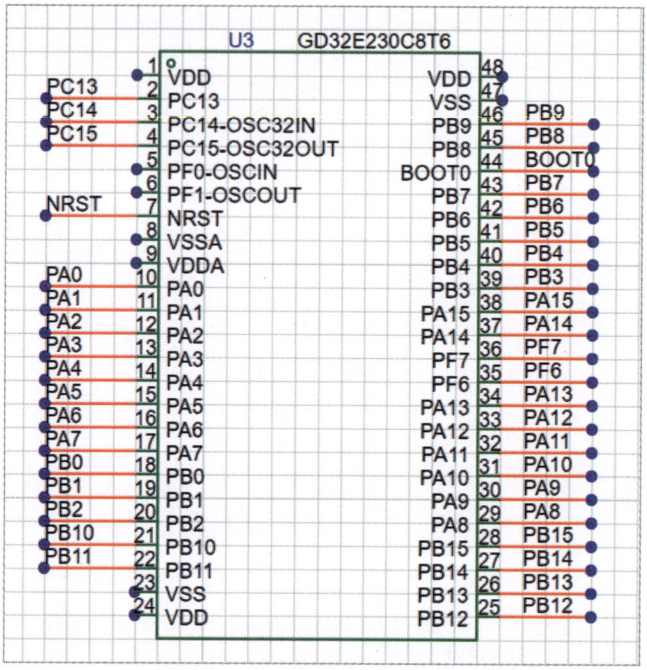

图3-59 批量放置网络标签步骤3

GD32E230C8T6芯片的部分引脚连接到其他功能模块后，需要为该引脚另起一个名字，即再放置一个网络标签，可通过放置短接标识符将两个网络标签进行连接，如图3-60所示，单击"浮动工具"面板中的 ← 按钮，将标识符放置在连接引脚的导线上，同时在标识符的另一端放置第二个网络标签。

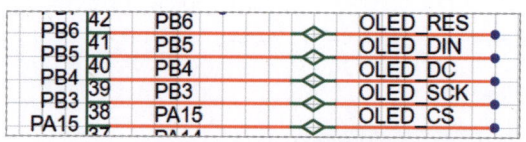

图3-60 放置短接标识符

下面列举GD32微控制器电路的一些常见错误，供读者自查。

①电容的容值、型号不正确。注意，电源部分使用了两种不同容值的电容（22μF和100nF）。②网络标签名称拼写错误，或与模块电路中的网络标签名称不一致，例如同时出现了USART1_RX和USART1 RX等名称。③USART1_TX和USART1_RX网络接错引脚（USART1_TX网络应连接PA9引脚，USART1_RX网络应连接PA10引脚）。另外，USART1_RX的10kΩ上拉电阻接错引脚。错误示例如图3-61所示。④GD32微控制器电路中的3V3和GND比较多，且都是相邻的引脚，此处易连错，以致短路。

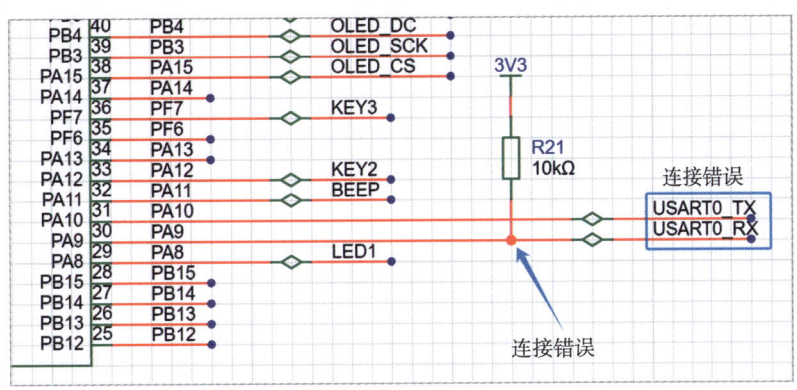

图 3-61 错误示例

3.5.9 外扩引脚

GD32E230C8T6 芯片有 39 个通用 I/O 接口，分别为 PA0～15、PB0～15、PC13～15、PF0～1 和 PF6～PF7，其中 PF0、PF1 连接外部的 8MHz 晶振。GD32E230 核心板通过 H2 双排直插排针引出 37 个通用 I/O 接口，外扩引脚原理图如图 3-62 所示，用到的元件清单如表 3-11 所示。用户可以通过外扩引脚自由扩展外设，提升 GD32E230 核心板的利用率。

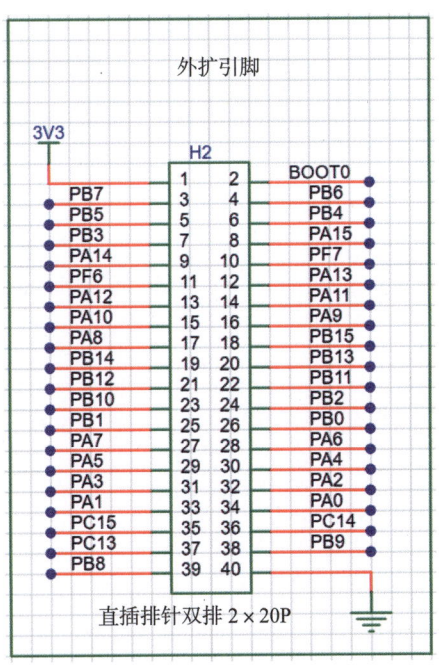

图 3-62 外扩引脚原理图

表 3-11 外扩引脚电路元件清单

元件名称	位 号	元件编号	元件库
双排直插排针 2×20P	H2	C50980	嘉立创 EDA

GD32E230 核心板的所有元件如表 3-12 所示。在原理图设计时，应选择库存充足的元件，以避免出现因库存不足而无法采购或订购周期较长的情况。

表3-12 GD32E230核心板元件

序号	元件编号	可替换元件编号		元件名称	PCB封装	数量	位号	元件选型参数参考
1	C96102	C200210	C417385	有源蜂鸣器	插件，直径为9mm	1	BUZZER1	适用3.3V工作电压
2	C49678	C1711	C28233	贴片电容 100nF，±10%	C0805	10	C3、C6、C7、C8、C9、C10、C11、C12、C13、C15	电容的耐压值要达到电路电压的2倍或更多。例如，5V电源上电容的耐压值应大于或等于10V
3	C45783	C602037	C98190	贴片电容 22μF，±20%	C0805	5	C1、C2、C4、C5、C14	电容耐压值应达到电路电压的2倍或更多
4	C1804	C24658	C105623	贴片电容 22pF，±5%	C0805	2	C16、C17	电容耐压值应达到电路电压的2倍或更多
5	C14996	C1884570	C727058	肖特基二极管 SS210	SMA (DO-214AC)	2	D1、D2	计算机上USB 2.0接口的输出电压为直流5V，最大输出电流为500mA；也可选SS14（最大输出电压为40V，最大输出电流为1A）
6	C2099	C7420318	C917030	开关二极管 1N4148W	SOD-123	1	D3	/
7	C225504	C2832270	C2932672	单排直通排母 7P	插件，2.54mm	1	H1	/
8	C50980	C124383	C5224014	双排直通排针 2×20P	插件，2.54mm	1	H2	/
9	C1046	C412008	C99366	贴片电感 10μH，±10%	L0805	2	L1、L2	/
10	C84259	C434433	C192320	蓝色发光二极管	LED 0805	3	LED1、LED2、PWR	/

续表

序号	元件编号	可替换元件编号			元件名称	PCB封装	数量	位号	元件选型参数参考
11	C2146	C20069125	C181158	C2891804	晶体三极管 S8050 J3Y	SOT-23	2	Q1、Q3	/
12	C8542	C5365370	C7420371	C2828470	晶体三极管 SS8550 Y2	SOT-23	1	Q2	/
13	C27834	C84375	C2907269	C118848	贴片电阻 5.1kΩ，±1%	R0805	2	R1、R2	/
14	C17513	C95781	C115316	C727989	贴片电阻 1kΩ，±1%	R0805	7	R3、R5、R6、R7、R12、R13、R18	/
15	C17414	C84376	C140868	C2907219	贴片电阻 10kΩ，±1%	R0805	12	R4、R8、R9、R10、R11、R14、R15、R16、R17、R19、R20、R21	/
16	C127509	C7471832	C5213688	C5260478	贴片轻触开关 6mm×6mm×5mm	SMD	4	RST、SW1、SW2、SW3	/
17	C6186	C347222	C347256	C173386	线性稳压器 AMS1117-3.3	SOT-223	1	U1	/
18	C12674	C2901750	C2681235	C655077	贴片晶振 8MHz	HC-49SMD	1	X1	① 8MHz，±2×10⁻⁵MHz；② 负载电容 20pF
19	C84681	/	/	/	USB 转换芯片 CH340C	SOP-16	1	U2	/
20	C380535	/	/	/	微控制器 GD32E230C8T6	LQFP-48	1	U3	/
21	C6332304	/	/	/	USB 连接器 Type-C 母座接口	插件	1	USB1	① 直插；② 16个引脚

3.6 原理图检查

原理图设计完成后，需要检查原理图的电气连接特性，主要通过设计规则检查（Design Rule Check，DRC）实现。执行菜单栏命令"设计"→"检查 DRC"，如图 3-63 所示。

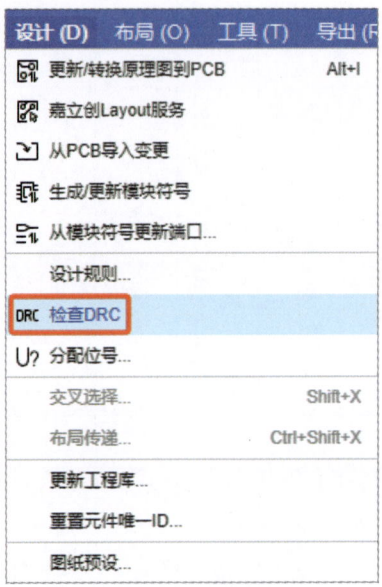

图 3-63　检查 DRC

DRC 结果如图 3-64 所示。

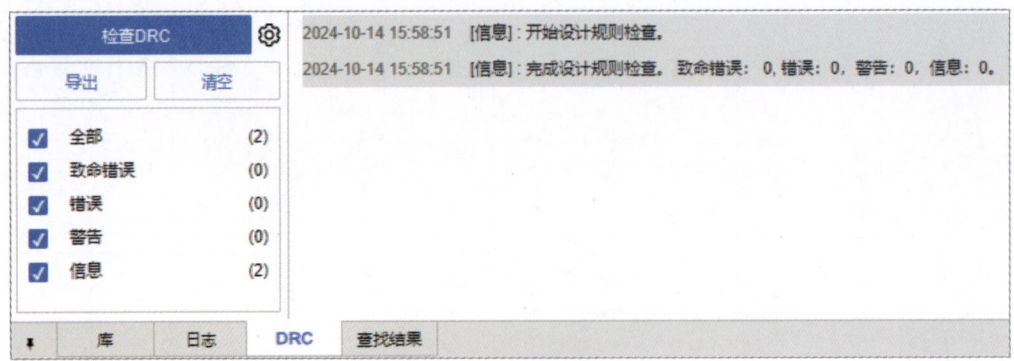

图 3-64　DRC 结果

若 DRC 有问题，DRC 标签页中会显示相关信息，如图 3-65 所示。单击信息中的蓝色文本可以定位问题，然后根据提示修改原理图，直至 DRC 通过。

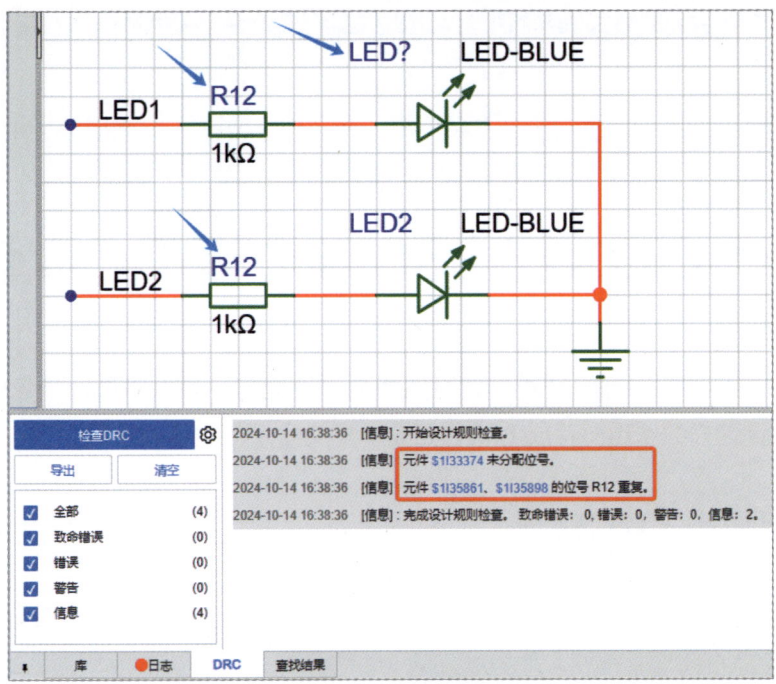

图 3-65 问题定位

本章任务

熟练使用嘉立创 EDA（专业版）进行原理图设计，参照附录 A 完成整个 GD32E230 核心板原理图的绘制。

本章习题

1. 简述原理图设计的流程。
2. 简述搜索元件的方法。
3. 在原理图设计界面中，如何实现元件的旋转、翻转和对齐？
4. 电阻、电容的选型参数有哪些？
5. 查找资料，了解通信-下载电路如何实现程序自动下载功能。

第 4 章

GD32E230 核心板 PCB 设计

PCB 设计是将电路原理图变成具体电路板的必由之路，是电路设计过程中至关重要的一步。如何将设计好的原理图转成 PCB，正是本章要介绍的内容。

4.1 原理图导入PCB

在原理图设计环境中，执行菜单栏命令"设计"→"更新/转换原理图到 PCB"，如图 4-1 所示。

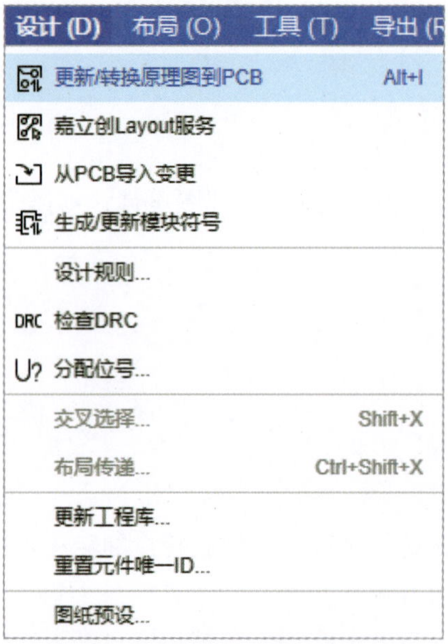

图 4-1 原理图导入 PCB 步骤 1

在"确认导入信息"对话框中，单击"应用修改"按钮，如图 4-2 所示。

原理图导入 PCB 后，如图 4-3 所示。

在电路设计过程中，常常需要修改原理图，因此，除了需要将元件从原理图导入新建的 PCB 中，还要将修改的内容更新到 PCB 中。更新 PCB 的方法有以下两种。

图 4-2 原理图导入 PCB 步骤 2

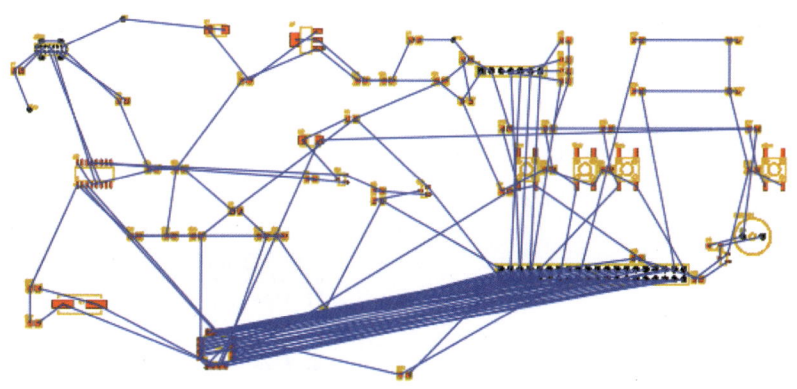

图 4-3 原理图导入 PCB 步骤 3

（1）在原理图设计环境中，执行菜单栏命令"设计"→"更新/转换原理图到 PCB"。

（2）在 PCB 设计环境中，执行菜单栏命令"设计"→"从原理图导入变更"，如图 4-4 所示。

"确认导入信息"对话框中将显示原理图中变更的内容，确认无误后，单击"应用修改"按钮，如图 4-5 所示。

图 4-4 更新 PCB 方法 2

图 4-5　确认导入信息

4.2　设计PCB板框

在 PCB 设计环境中，将网格单位设置为 mm，如图 4-6 所示。然后，执行菜单栏命令"放置"→"板框"→"矩形"，如图 4-7 所示。

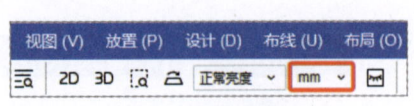

图 4-6　设置网格单位

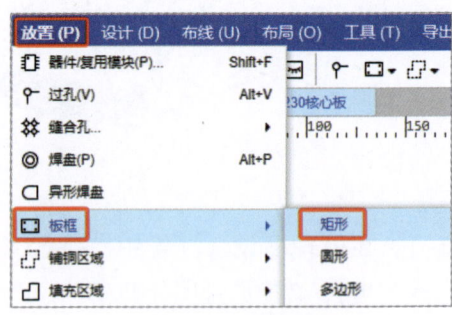

图 4-7　放置板框

在图纸上绘制一个矩形框，绘制完成后，按 Esc 键退出命令。单击选中板框，在"属性"标签页中设置板框的参数，具体如图 4-8 所示。

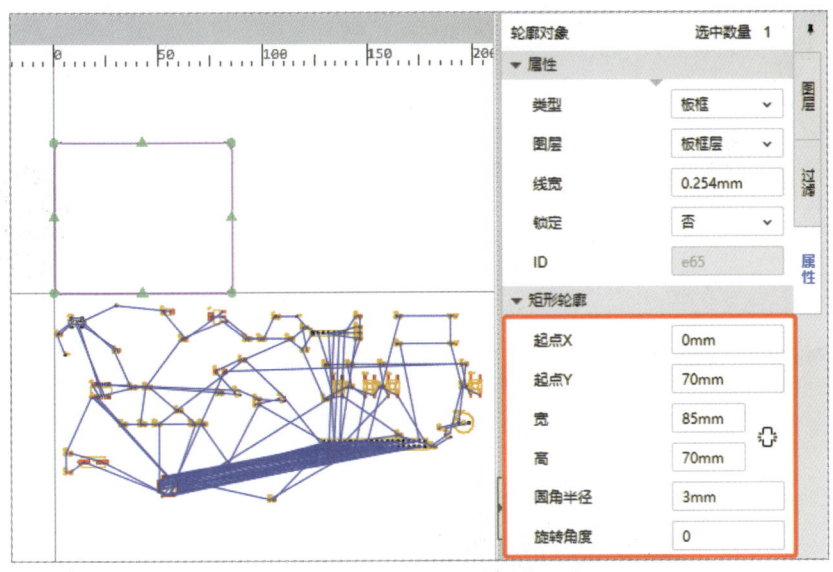

图 4-8 设置板框的参数

4.3 绘制定位孔

制作好的电路板可能需要通过定位孔固定在结构件上。观察 GD32E230 核心板实物，可以看到电路板的 4 个顶角各有一个定位孔。下面详细介绍如何在 PCB 上绘制定位孔。

执行菜单栏命令 "放置" → "挖槽区域" → "圆形"，如图 4-9 所示。

单击 PCB 的左下角，绘制一个圆，如图 4-10 所示，按 Esc 键可退出命令。

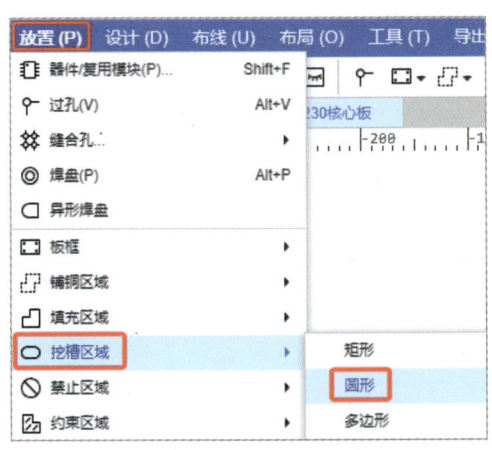

图 4-9 绘制定位孔步骤 1

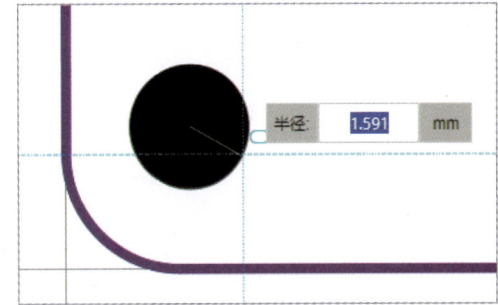

图 4-10 绘制定位孔步骤 2

单击选中该圆，在 PCB 设计环境右侧的 "属性" 标签页中设置圆的参数，如图 4-11 所示，圆心坐标为（3.5mm，3.5mm），半径为 1.6mm。设置完成后的圆如图 4-12 所示。

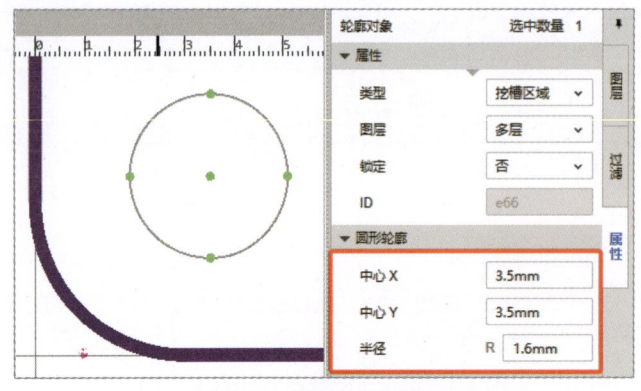
图 4-11 绘制定位孔步骤 3

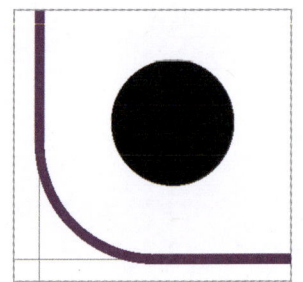
图 4-12 绘制定位孔步骤 4

图 4-13 4 个定位孔全部绘制完成的效果图

按照同样的方法绘制其余三个圆，半径均为 1.6mm，右上角圆的圆心坐标为（81.5mm，66.5mm），左上角圆的圆心坐标为（3.5mm，66.5mm），右下角圆的圆心坐标为（81.5mm，3.5mm）。4 个定位孔全部绘制完成的效果图如图 4-13 所示。单击菜单栏中的 2D 或 3D 按钮，可以查看 2D 或 3D 预览图。

有时也会将定位孔绘制成金属定位孔，并连接 GND 网络，此时定位孔相当于一个孔径很大的 GND 测试点，便于调试电路板。金属定位孔的绘制方法如下：先单击选中槽孔，再单击右键，在快捷菜单中执行命令"转为"→"转为焊盘"，如图 4-14 所示。

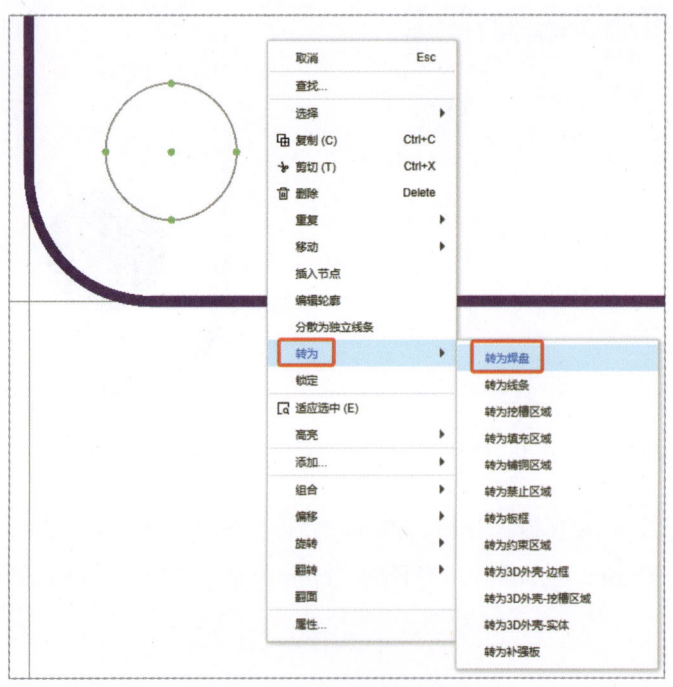
图 4-14 "转为焊盘"命令

在"属性"标签页中设置焊盘的参数,如图 4-15 所示,网络选择 GND,设置焊盘的外直径为 4.2mm,内直径为 3.2mm。

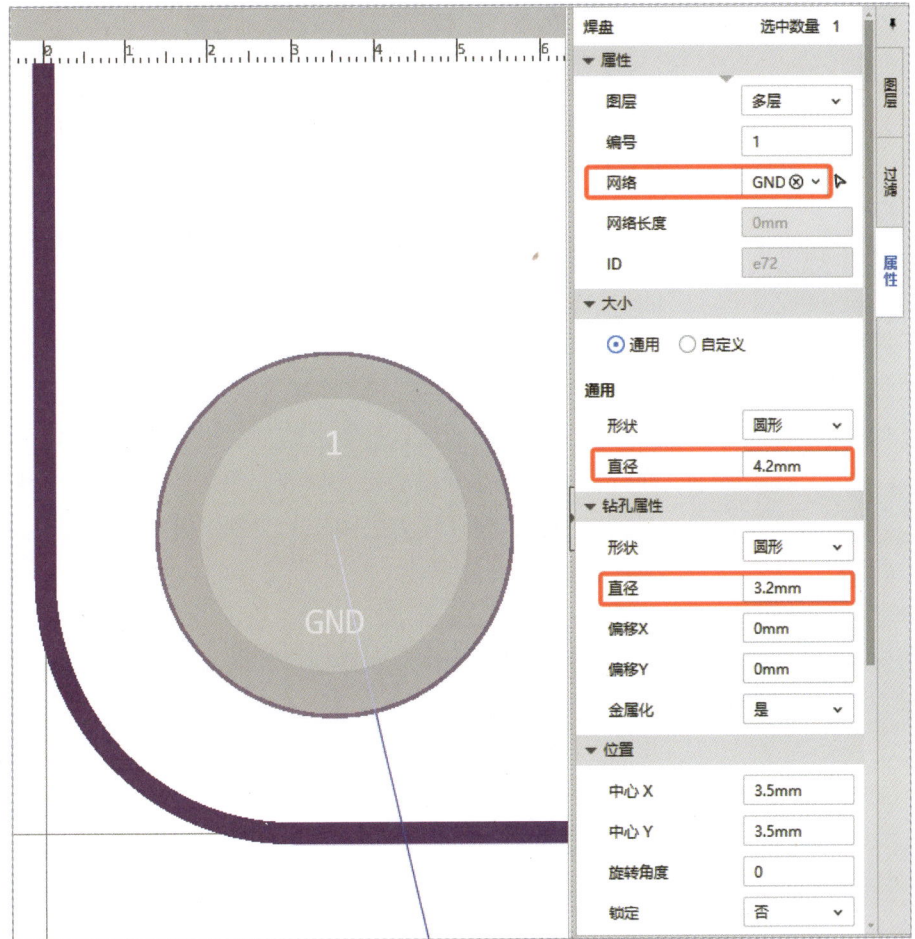

图 4-15　设置焊盘的参数

这样就完成了金属定位孔的绘制,绘制完成的效果图如图 4-16 所示。

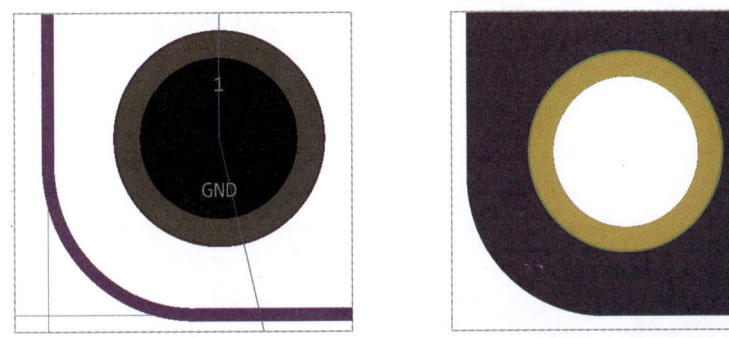

图 4-16　金属定位孔绘制完成的效果图

用类似的方法可将其余 3 个定位孔转为金属定位孔,绘制完成的效果图如图 4-17 所示。

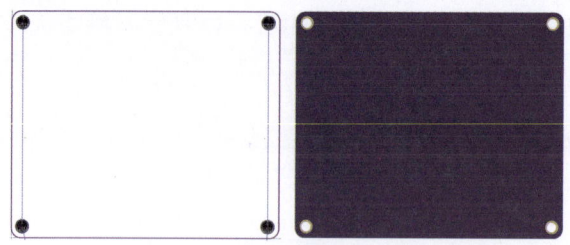

图 4-17 4 个金属定位孔绘制完成的效果图

4.4 设计规则

为了保证电路板符合电气要求和机械加工要求，并且在后续工作过程中保持良好的性能，需要设置 PCB 的设计规则，如线间距、线宽、不同电气节点的最小间距等。不同的 PCB 有不同的规则要求，因此在每个 PCB 设计项目开始之前都要设置相应的设计规则。下面针对 GD32E230 核心板，详细介绍需要设置的设计规则。学习完本节后，建议读者查阅相关文献了解其他规则。

在 PCB 设计环境中，执行菜单栏命令"设计"→"设计规则"，如图 4-18 所示。

打开"设计规则"对话框，如图 4-19 所示。

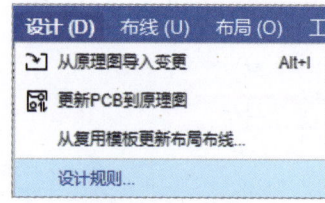

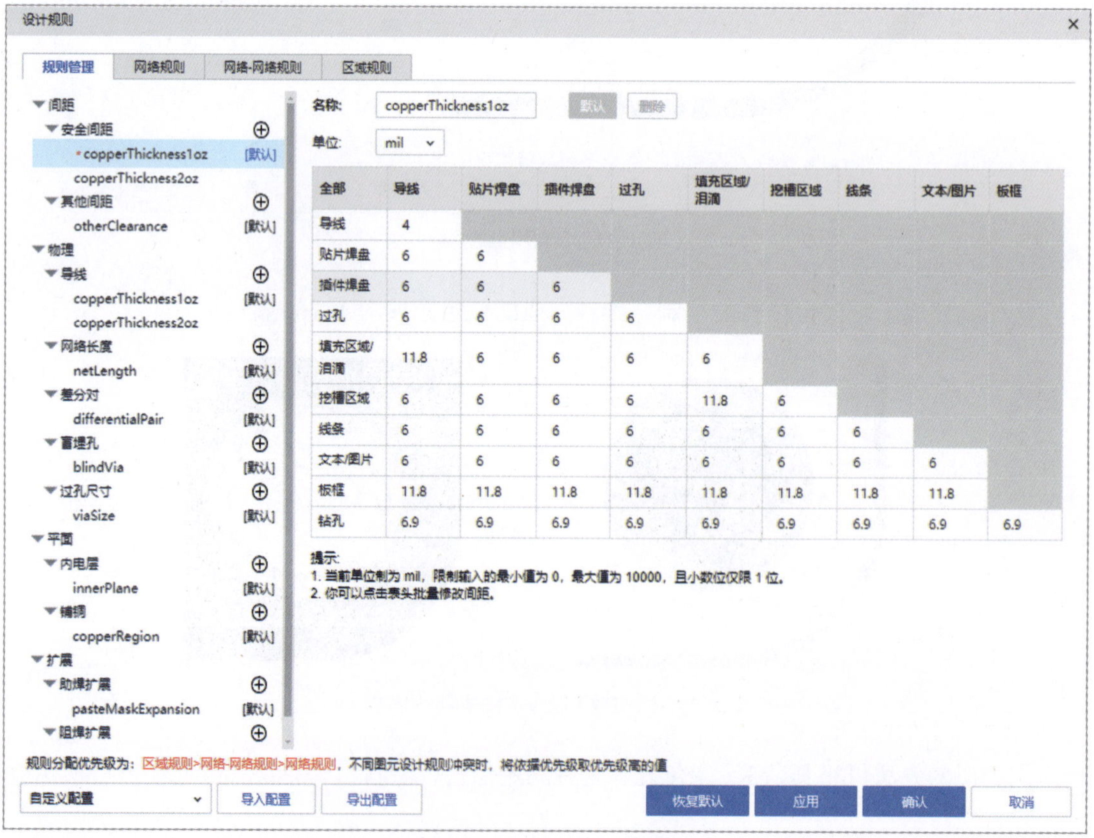

图 4-18 设计规则

全部	导线	贴片焊盘	插件焊盘	过孔	填充区域/泪滴	挖槽区域	线条	文本/图片	板框
导线	4								
贴片焊盘	6	6							
插件焊盘	6	6	6						
过孔	6	6	6	6					
填充区域/泪滴	6	6	6	6	11.8				
挖槽区域	6	6	6	6	6	11.8			
线条	6	6	6	6	6	6	6		
文本/图片	6	6	6	6	6	6	6	6	
板框	11.8	11.8	11.8	11.8	11.8	11.8	11.8	11.8	11.8
钻孔	6.9	6.9	6.9	6.9	6.9	6.9	6.9	6.9	6.9

图 4-19 "设计规则"对话框

4.4.1 安全间距

在 PCB 设计中，安全间距设计规则用于设置导线、焊盘、过孔、板框等组件之间的安全距离。可将安全间距分为两类：电气相关安全间距和非电气相关安全间距。

1. 电气相关安全间距

在设置电气相关安全间距之前，先了解电气组件之间的间距测量方式。下面以导线与导线、导线与焊盘、导线与过孔的间距为例进行介绍，其他电气组件类似。

导线的线宽与线距示意图如图 4-20 所示。

导线与焊盘间距示意图如图 4-21 所示。

导线与过孔间距示意图如图 4-22 所示。

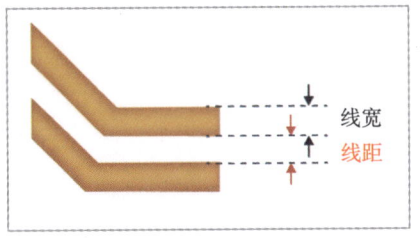

图 4-20　导线的线宽与线距示意图

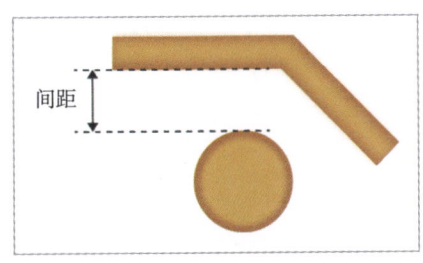

图 4-21　导线与焊盘间距示意图

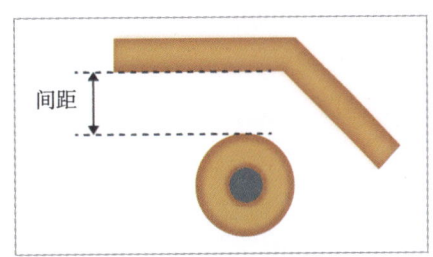

图 4-22　导线与过孔间距示意图

PCB 铜箔的厚度（简称铜厚）示意图如图 4-23 所示，PCB 生产厂家通常以 oz（盎司）为单位表示铜厚，1oz 的厚度表示将 1oz 质量的铜均匀铺在 1 平方英尺（ft^2，$1ft \approx 30.5cm$）面积上所达到的厚度，约为 0.035mm。35μm、50μm、70μm 分别对应 1oz、1.5oz、2oz 铜厚。

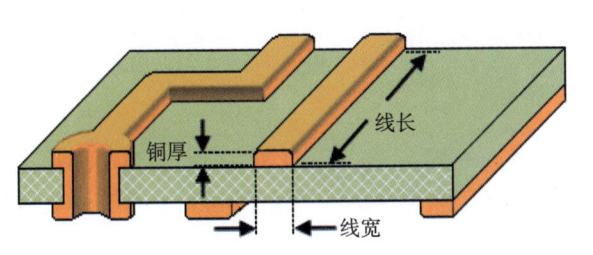
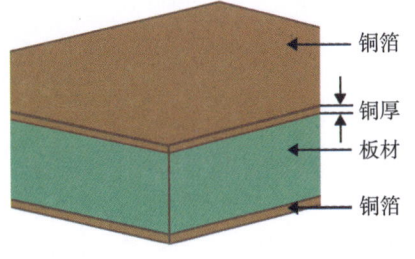

图 4-23　铜厚示意图

规则设计要符合 PCB 生产厂家的加工能力，以避免出现设计出的产品无法制造的情况。表 4-1 为嘉立创 PCB 最小线宽/线距的加工工艺参数。注意，线宽公差为 ±20%，例如，当线宽为 0.1mm 时，对应的实际生产线宽在 0.08 ～ 0.12mm 范围内是合格的。常规工艺中，铜厚通常为 1oz，此时双面板导线的最小线距为 4mil。

表4-1 嘉立创PCB最小线宽/线距的加工工艺参数

项目	铜厚	工艺参数
导线与导线	1oz	单、双面板最小线宽/线距：4mil/4mil； 多层板最小线宽/线距：3.5mil/3.5mil。BGA处局部线宽可为3mil
	2oz	双面板最小线宽/线距：6.5mil/6.5mil； 多层板最小线宽/线距：6.5mil/8mil
	2.5oz	双面板最小线宽/线距：8mil/8mil
	3.5oz	双面板最小线宽/线距：10mil/10mil
	4.5oz	双面板最小线宽/线距：12mil/12mil
导线与焊盘/通孔	/	≥4mil（尽量大于此参数），BGA焊盘到导线最小间距为3.6mil

如图4-24所示，打开"设计规则"对话框的"规则管理"标签页，在"间距"→"安全间距"→copperThickness1oz面板中，将单位选为mil。填充区域/泪滴与导线之间的安全间距保持默认值11.8mil，与其他组件之间的安全间距设为10mil。由于Type-C接口的插件焊盘之间的间距约为8mil，因此设置插件焊盘之间的安全间距为7mil。其他安全间距均设为8mil。

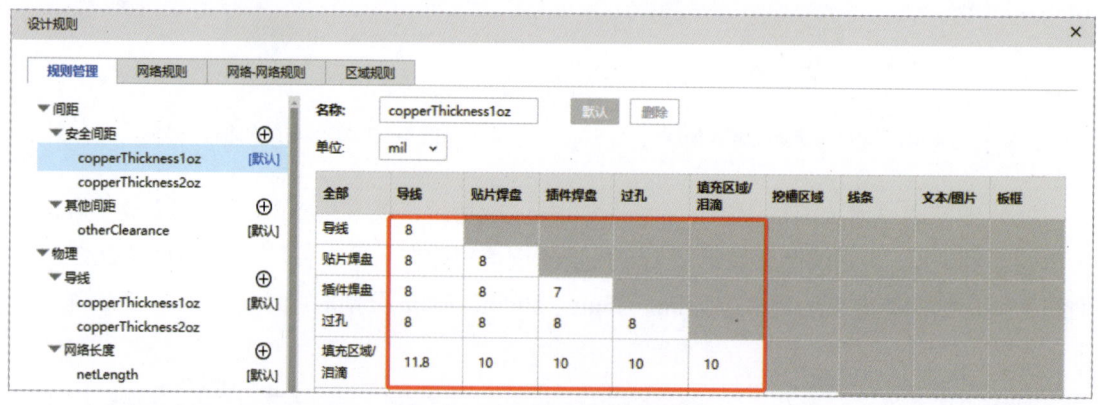

图4-24 电气相关安全间距设置

2. 非电气相关安全间距

嘉立创生产PCB要求如下：①内槽到焊盘/导线的最小间距不得小于8mil；②CNC（锣边）板框线的中心线到导线的边线或铜皮（焊盘边）的间距不小于8mil；③V-CUT（V割）板框线的中心线到导线的边线或铜皮（焊盘边）的间距不小于16mil（默认进行双面V割，而非单面V割）。除了生产要求，为避免铜皮裸露在板边引起卷边或电气短路等情况，将铜皮相对于板框边沿内缩20mil，而不是一直将铜皮铺到板框边沿。因此，将板框与挖槽区域相关的安全间距设为20mil。

线条、文本、图片等丝印不允许放在焊盘上，因为若丝印遮盖了焊盘，在涂锡时，丝印处无法涂锡，会影响元件装贴。如果在设计时丝印不小心遮盖了焊盘，厂家在制造时会自动消除丝印留在焊盘上的部分，以保证焊盘涂锡。厂家通常要求预留8mil以上的间距，此处设置为10mil。

根据以上要求设置非电气相关安全间距，如图4-25所示。

第 4 章 GD32E230 核心板 PCB 设计

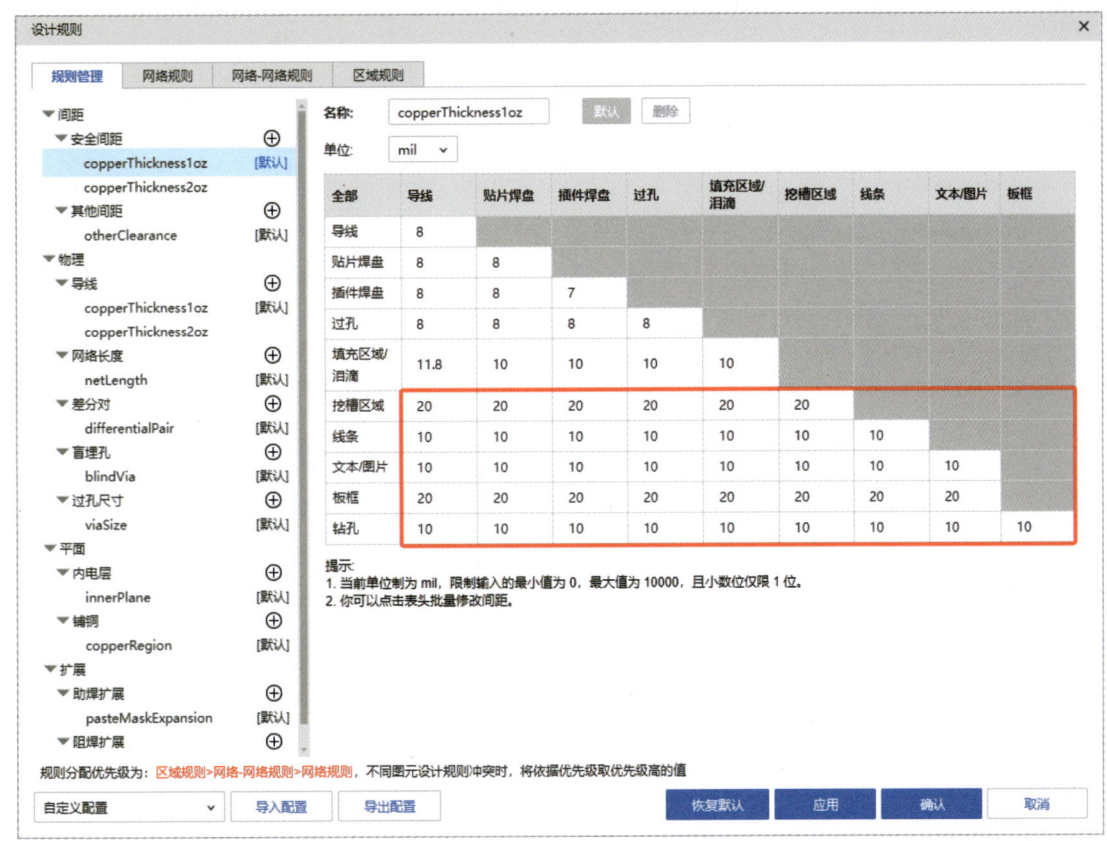

图 4-25 非电气相关安全间距设置

4.4.2 导线

如图 4-26 所示，在"物理"→"导线"→ copperThickness1oz 面板中，将单位选为 mil，设置线宽最小为 10mil，默认为 10mil，最大为 30mil。

在 PCB 设计时，应设置合适的导线线宽。若导线过细，导线电阻值会增大，根据欧姆定律，电流流过电阻时会产生电压降，电阻值增大将导致导线上的电压降过大，从而影响电路正常工作。导线过细还会导致电流密度增大，而电流密度过大会导致导线发热，有可能超过 PCB 材料或接触点的承受能力，进而引发电路故障或损坏。此外，过细的导线不易加工，选用过细的导线会增加制造过程中失败的概率。

但是，导线也不能过宽，若导线过宽，信号在传输过程中会受到周围信号的干扰，导致信号失真或信号完整性降低，最终影响电路的性能。同时，过宽的导线会导致电流在导线上分布不均匀，特别是对于高频或高速信号，这会导致信号传输不稳定或造成不可预测的结果。此外，过宽的导线占用的面积过大，会限制 PCB 上其他元件的布局密度，这可能导致 PCB 尺寸变大，增加制造成本。

综上所述，当不考虑信号完整性时，在满足载流的前提下，普通信号布线不必过宽，面积应尽量小。在 GD32E230 核心板的 PCB 布线中，建议设置信号线的线宽为 10mil，电源线和地线的线宽为 30mil。

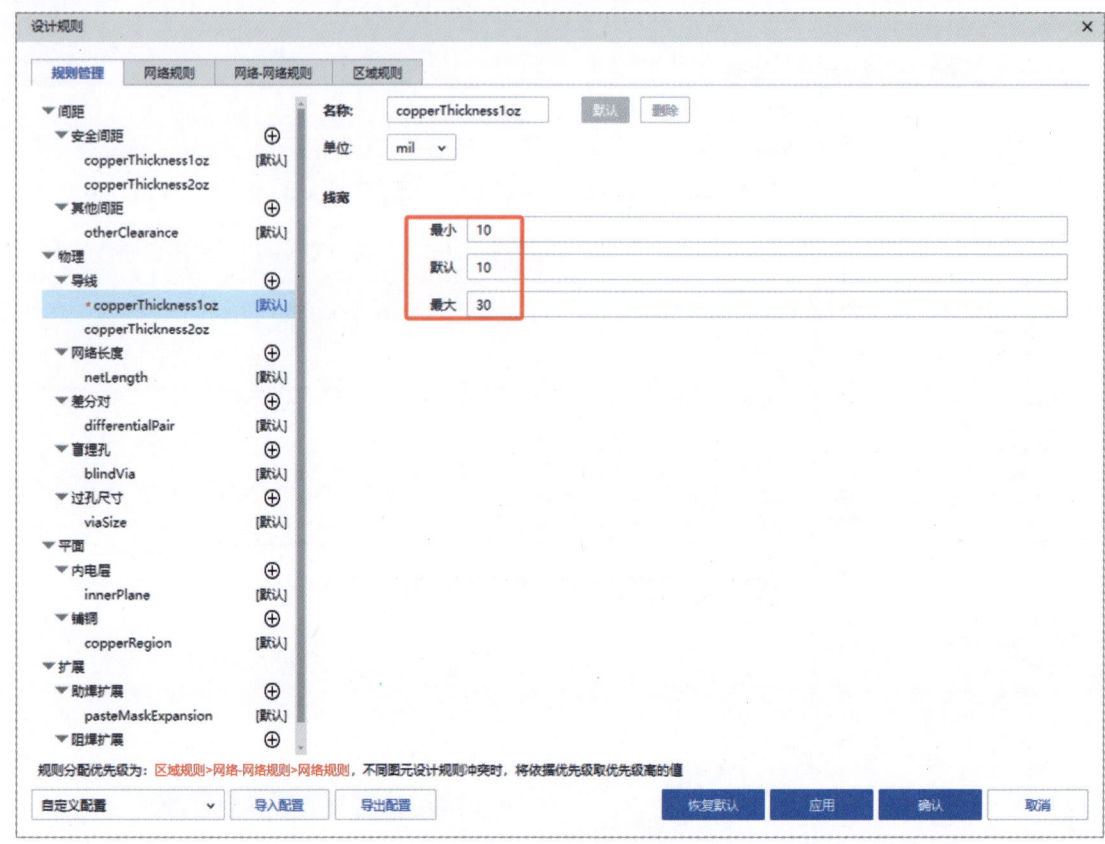

图 4-26　导线线宽设置

影响 PCB 的电流承载能力的因素主要有 3 个：线宽、线厚（铜厚）、允许温升。线宽越大，PCB 的电流承载能力越强。国际通用 PCB 制造标准 IPC-2221 规定了一种计算方式，将相应参数代入以下公式，即可计算出导线允许通过的最大电流值：

$$I = K \times T^{0.44} \times A^{0.75}$$

其中，I 为导线允许通过的最大电流，单位为安培（A）；K 为修正系数，内层布线取值为 0.024，外层布线取值为 0.048；T 为最大温升，单位为摄氏度（℃），常见的最大温升为 10℃ 和 20℃；A 为导线的横截面积，等于铜厚（单位为 mil）乘以线宽（单位为 mil），单位为平方密耳（mil^2）。

假设环境温度为 25℃，最大温升为 10℃，导线线宽为 10mil，铜厚为 1oz（1oz ≈ 1.4mil），PCB 为双面板，则导线允许通过的最大电流为

$$I \approx 0.048 \times 10^{0.44} \times (10 \times 1.4)^{0.75} = 0.96A$$

除了上述计算方式，还可以通过小工具进行计算，如 PCB Toolkit（位于本书配套资料包 "02. 相关软件\PCB Toolkit" 文件夹中）。PCB Toolkit 计算界面如图 4-27 所示，输入以上参数，即可计算出导线允许通过的最大电流约为 1A。

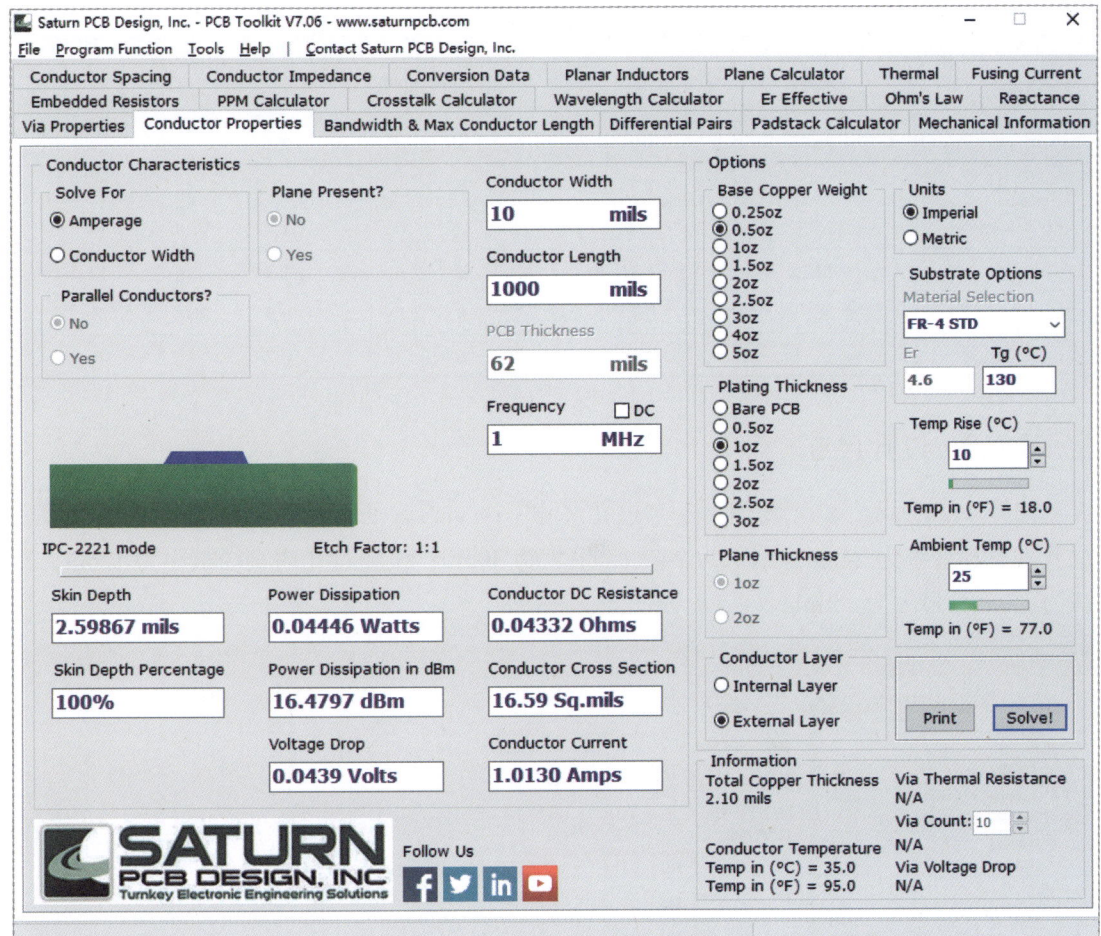

图 4-27　PCB Toolkit 计算界面

在环境温度为 25℃，最大温升为 10℃ 的条件下，常见铜厚、电流与线宽的关系如表 4-2 所示。在实际设计中，要综合考虑环境、制造工艺、板材工艺、板材质量、布线长度、温升、压降等因素，计算结果仅供参考，实际设计时应留有余量。例如，在铜厚为 1oz，环境温度为 25℃，最大温升为 10℃ 的条件下，若需通过 2A 电流，理论线宽为 32mil，但在实际设计中建议将线宽选为 80mil；若需通过 1A 电流，理论线宽约为 15mil，但在实际设计中建议将线宽设为 40mil。

表 4-2　常见铜厚、电流与线宽的关系

铜厚 1oz		铜厚 1.5oz		铜厚 2oz	
电流/A	线宽/mil	电流/A	线宽/mil	电流/A	线宽/mil
4	80	4.3	80	5.1	80
3.2	60	3.5	60	4.2	60
2.7	48	3	48	3.6	48
2.3	40	2.8	40	3.2	40
2	32	2.4	32	2.8	32

续表

铜厚1oz		铜厚1.5oz		铜厚2oz	
电流/A	线宽/mil	电流/A	线宽/mil	电流/A	线宽/mil
1.8	24	1.9	24	2.3	24
1.35	20	1.7	20	2	20
1.1	16	1.35	16	1.7	16
0.8	12	1.1	12	1.3	12
0.55	8	0.7	8	0.9	8
0.2	6	0.5	6	0.7	6

4.4.3 过孔尺寸

如图 4-28 所示，在"物理"→"过孔尺寸"→viaSize 面板中，将单位选为 mil；设置过孔外直径最小为 24mil，默认为 24mil，最大为 30mil；设置过孔内直径最小为 12mil，默认为 12mil，最大为 15mil。

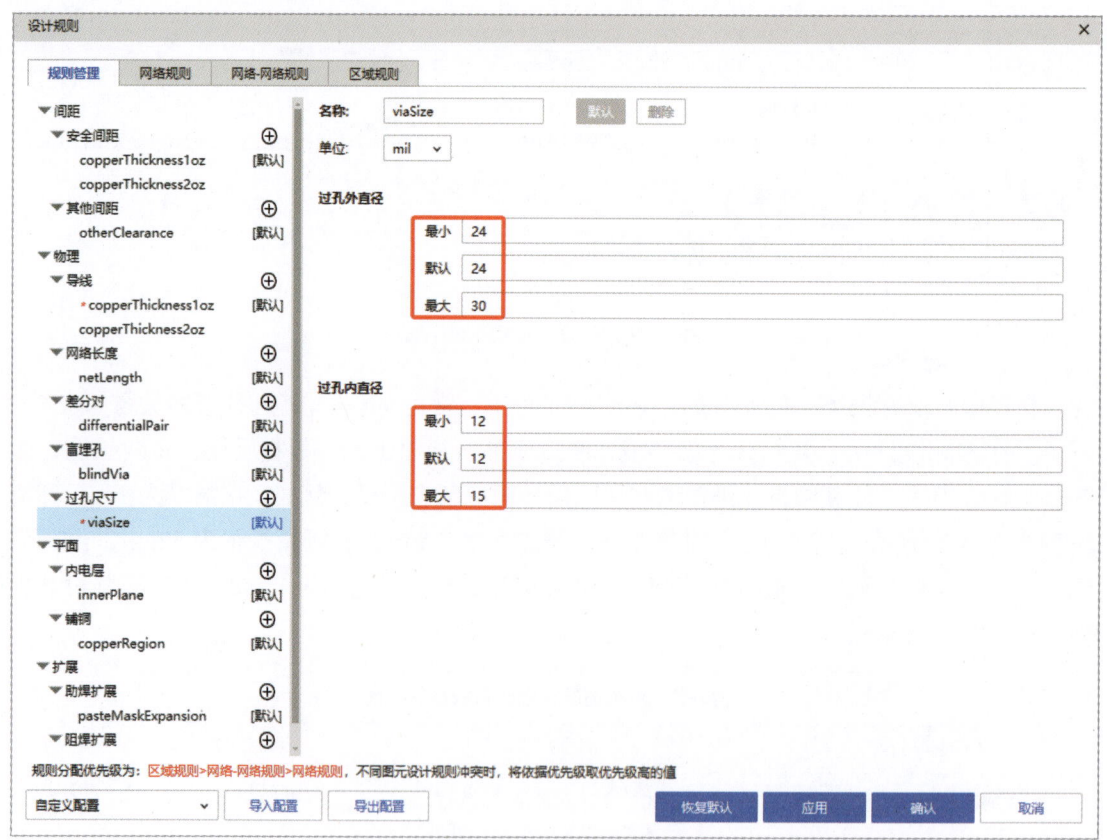

图 4-28 过孔尺寸设置

过孔也称金属化孔，在双面板和多层板中，为连通各层之间的印制导线，通常在各层需要连通的导线的交会处钻一个公共孔，该公共孔即为过孔，如图 4-29 所示。例如，同一个网络的顶层导线与底层导线可以使用过孔进行连接。通常在过孔的孔壁圆柱面上镀铜，以连接顶层和底层的导线，而过孔的上下两面设计成圆形焊盘形状。过孔的参数主要有外径、内径和孔环。

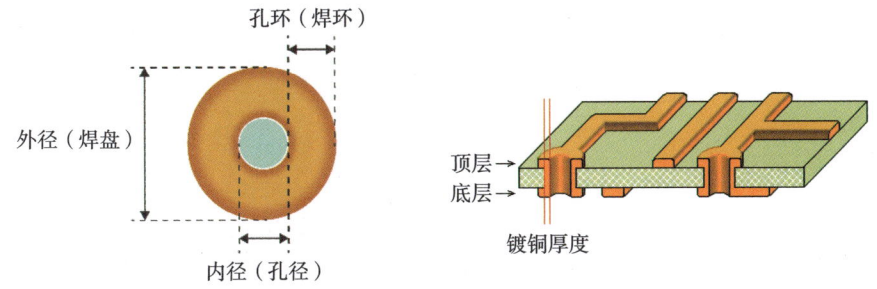

图 4-29 过孔示意图

过孔的载流能力可以类比导线的载流能力进行理解，其载流能力与过孔的横截面积和镀铜厚度有关，横截面积越大，镀铜厚度越大，载流能力越强。按照通用标准，过孔的镀铜厚度为 0.7~1mil。过孔的载流能力也可以通过 PCB Toolkit 工具计算，如图 4-30 所示，在环境温度为 25℃，最大温升为 10℃ 的条件下，过孔内直径为 10mil 时允许通过的最大电流约为 0.86A。

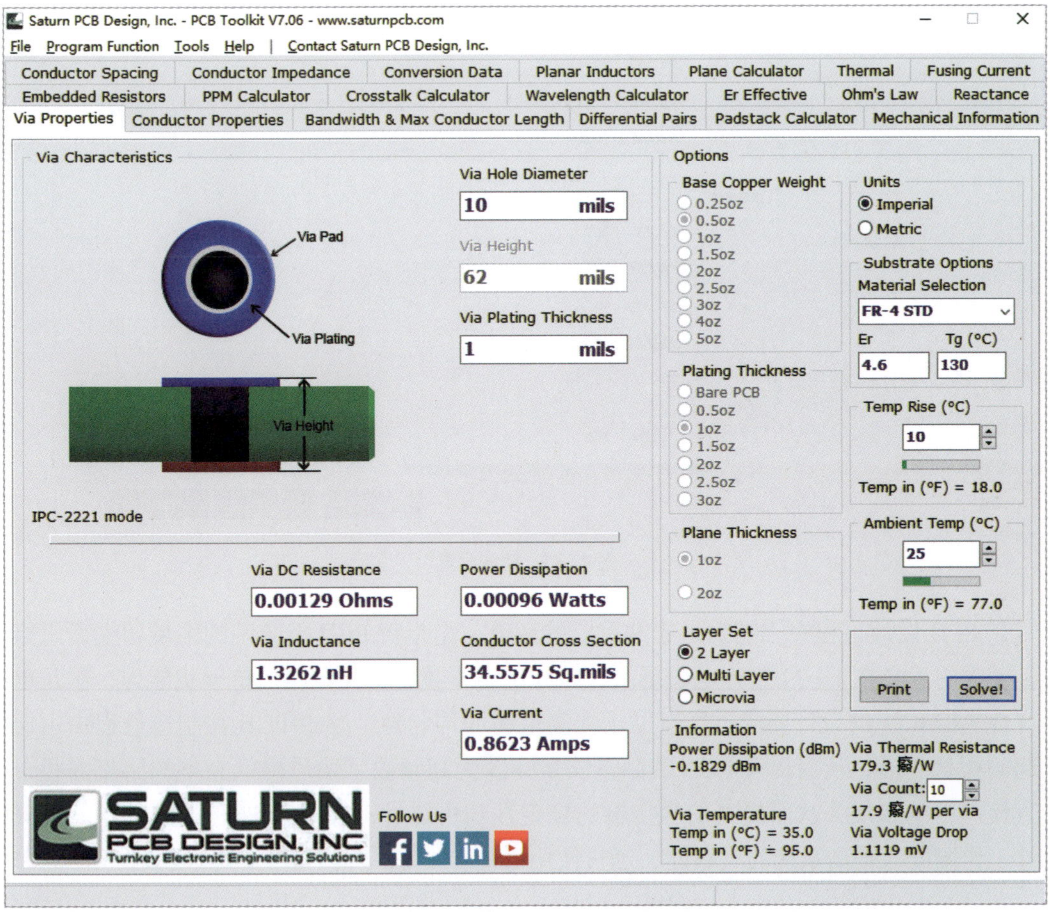

图 4-30 PCB Toolkit 计算界面

不论是导线宽度，还是过孔尺寸，在设计时都不能脱离实际应用场景，不能将同样的规则应用到所有设计中，设计规则不是恒定的。在 PCB 设计时，要有预留余量的意识。传统的设计方法是根据要求设计样板，然后进行测试和调试，效率非常低。在节省时间和成本的同时，还需保证产品性能。为提高效率和成功率，设计前应借助工具进行量化分析和评估，设计时尽量采用经过工程实践验证的成熟的设计规则，最后再对实物样板进行实测验证。

4.4.4 铺铜

如图 4-31 所示，在"平面"→"铺铜"→ copperRegion 面板中，将单位选为 mil，设置"网络间距"为 10mil，设置"到边框/槽孔间距"为 20mil。

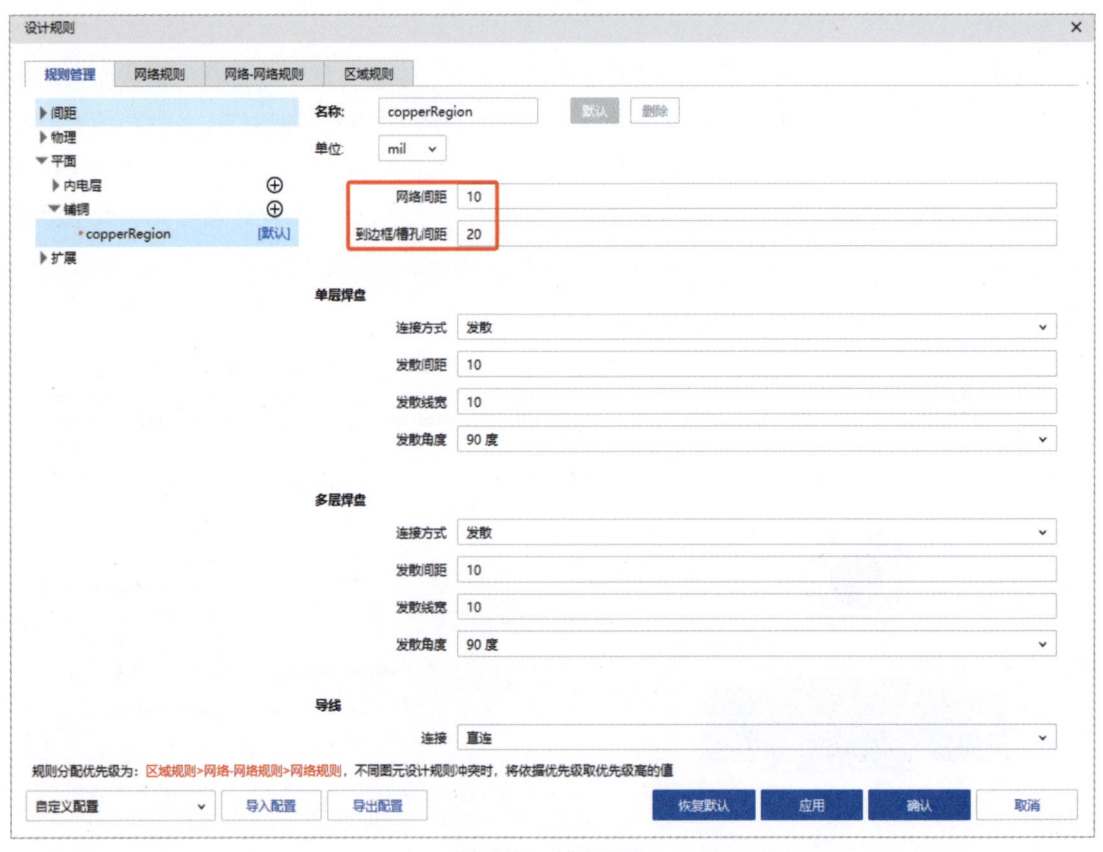

图 4-31 铺铜设置

在 PCB 设计过程中，铺铜是非常重要的环节，是指将 PCB 上空闲的区域用铜面进行覆盖。铺铜的意义在于：①进行电磁屏蔽，减少电磁干扰，提高电路的抗干扰能力，满足电磁兼容性（EMC）的设计要求；②有助于提高电镀的均匀性，减少 PCB 在制造过程中由层压引起的板材变形，从而提升 PCB 的制造质量；③为高频数字信号提供完整的回流路径，简化直流网络的布线，从而提高信号传输的稳定性和可靠性；④改善 PCB 的散热性能，降低元件工作温度，提高系统的可靠性，延长使用寿命。

4.5 层的设置

4.5.1 层工具

PCB 设计经常使用"图层"标签页。如图 4-32 所示,单击 👁 按钮可以显示或隐藏对应的层;单击颜色标识区,当显示 ✏ 图标时,表示该层已进入编辑状态,可进行布线等操作。

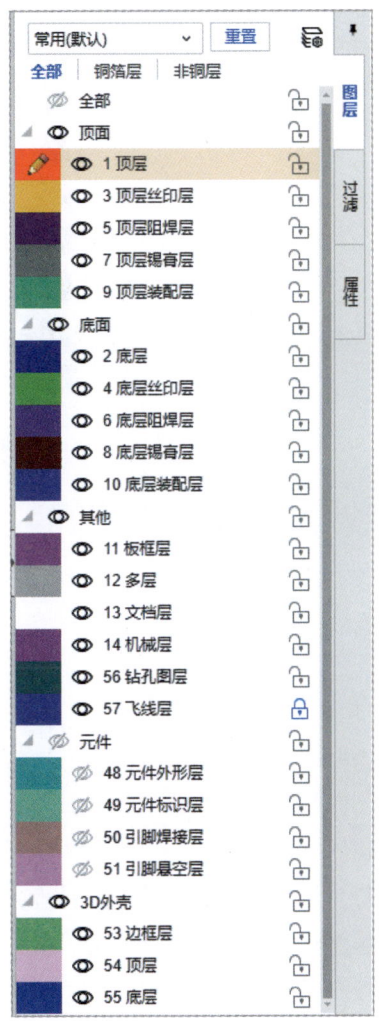

图 4-32 "图层"标签页

4.5.2 图层管理器

通过"图层管理器",可以设置 PCB 的层数和其他参数。

单击"图层"标签页中的 按钮,或执行菜单栏命令"工具"→"图层管理器",打开"图层管理器"对话框,如图 4-33 所示。注意,"图层管理器"中的设置仅对当前 PCB 有效。

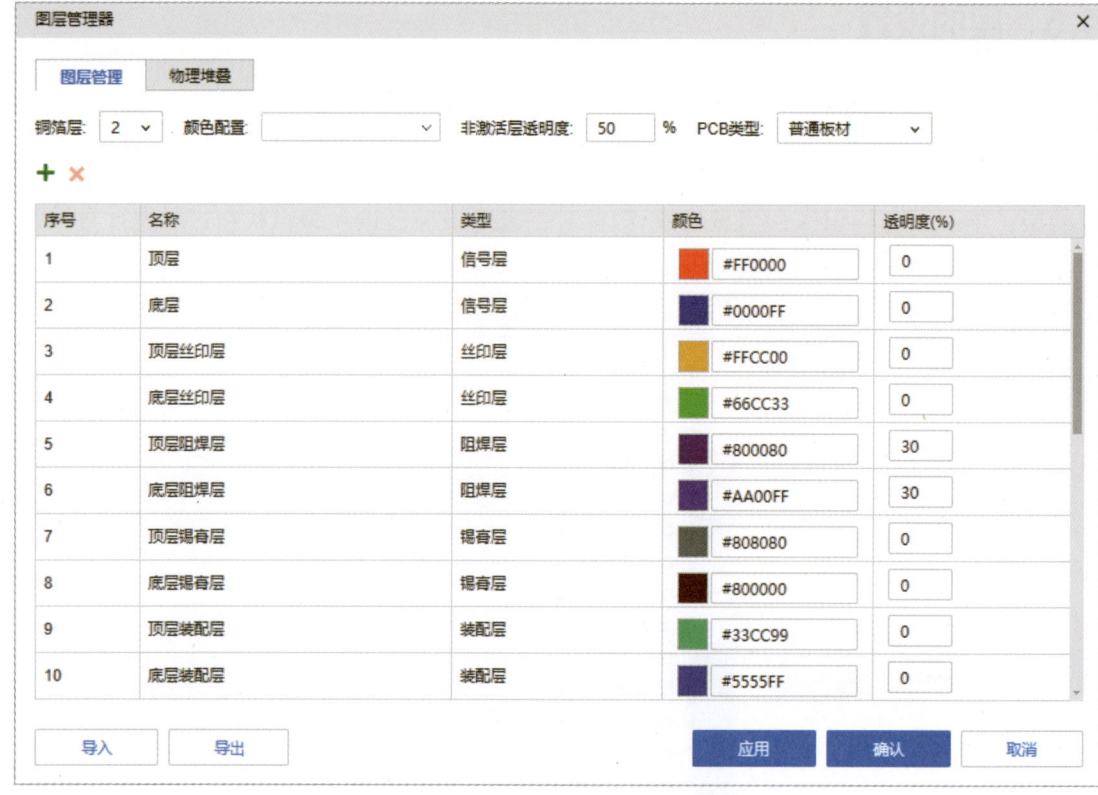

图 4-33 "图层管理器"对话框

双面板有 2 个铜箔层,单击"图层管理器"对话框中的"物理堆叠"标签页,可以看到每层的分布情况,如图 4-34 所示。

下面对每层进行简要介绍。

(1)顶层/底层:PCB 顶面和底面的铜箔层,用于进行电气连接。

(2)顶层丝印层/底层丝印层:可在丝印层上印刷文字或符号来标注元件在电路板上的位置等信息。

(3)顶层阻焊层/底层阻焊层:电路板顶层和底层的盖油层,盖油的作用是阻止不需要的焊接。该层采用负片绘制方式,当有导线或区域不需要盖绿油时,需要在对应的位置进行绘制,电路板上的这些区域将不会被油覆盖,以便于上焊锡等操作,该过程一般称为开窗。

(4)顶层锡膏层/底层锡膏层:供贴片焊盘制造钢网用,以便于焊接,决定了涂锡膏的区域大小。若电路板不需要贴片,则该层对生产没有影响。该层也称为正片工艺中的助焊层。

(5)顶层装配层/底层装配层:可显示元件的简化轮廓,用于产品装配、维修,以及导出可打印的文档,对电路板制作无影响。

(6)板框层:电路板形状定义层,用于定义电路板的实际大小,厂家会根据定义的外形生产电路板。

(7)多层:与飞线层类似,用于显示金属化孔的位置和颜色。

第 4 章　GD32E230 核心板 PCB 设计

图 4-34 "物理堆叠"标签页

（8）文档层：与机械层类似，但该层仅在编辑器中可见，不会出现在生成的 Gerber 文件中。

（9）机械层：用于描述电路板的机械结构、标注及加工说明，仅起记录信息的作用。生产时默认不采用该层的形状进行制作。

（10）孔层：与飞线层类似，不属于物理意义上的层，只用于显示通孔（非金属化孔）的位置和颜色。

（11）元件外形层：元件实物的外形层，用于绘制元件外形，方便对比封装尺寸和实物尺寸。

（12）元件标识层：元件实物的标识层，用于添加元件的特殊标识，如正负极、极性点等。

（13）引脚焊接层：元件实物的引脚焊接层，便于与封装焊盘尺寸、实物引脚尺寸进行对比。

（14）引脚悬空层：元件实物的引脚悬空层，便于与封装焊盘尺寸、实物引脚悬空部分尺寸进行对比。

（15）3D 外壳边框层：绘制 3D 外壳时，外壳的边框所在层。

（16）3D 外壳顶层/3D 外壳底层：3D 外壳的顶层或底层。可以在该层绘制挖槽、实体等图形元素。

（17）钻孔图层：用于存储钻孔表的相关信息，便于制造生产时对照查看。

（18）飞线层：用于显示 PCB 网络飞线，不属于物理意义上的层，仅为了方便查看和设置颜色，故该层在"图层管理器"进行配置。

4.6 元件的布局

将元件按照一定的规则在 PCB 上进行排列的过程称为布局。布局既是 PCB 设计过程中的难点，也是重点。布局合理，接下来的布线就会相对容易。

4.6.1 布局基本操作

进行元件布局时，应掌握以下基本操作。

（1）交叉选择。此功能用于在元件原理图符号和 PCB 封装之间切换。在原理图中选中元件，执行菜单栏命令"设计"→"交叉选择"，如图 4-35 所示，或者按快捷键"Shift+X"，即可切换至 PCB 设计环境，并高亮显示对应元件。

（2）布局传递。在原理图中，同一模块电路中的元件一目了然，但是将原理图中的元件导入 PCB 后，通常难以区分各模块电路中的元件。为此，嘉立创 EDA 提供了"布局传递"功能。例如，在原理图中框选"独立按键电路"模块中的所有元件，如图 4-36 所示，执行菜单栏命令"设计"→"布局传递"，如图 4-37 所示；或者按快捷键"Ctrl+Shift+X"切换至 PCB 设计环境，将选中的元件 PCB 封装按照元件在原理图中的相对位置进行排列，如图 4-38 所示。单击放置 PCB 封装，此时指针仍为手掌形状，再单击 PCB 封装可进行细节调整；单击右键可将指针变回箭头形状。

图 4-35 交叉选择

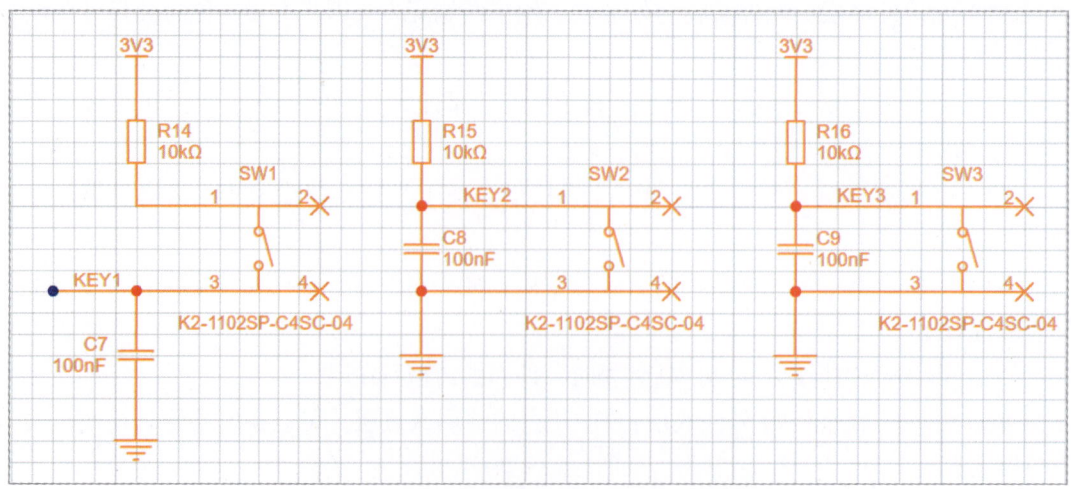

图 4-36 框选"独立按键电路"模块中的所有元件

第4章 GD32E230核心板 PCB 设计

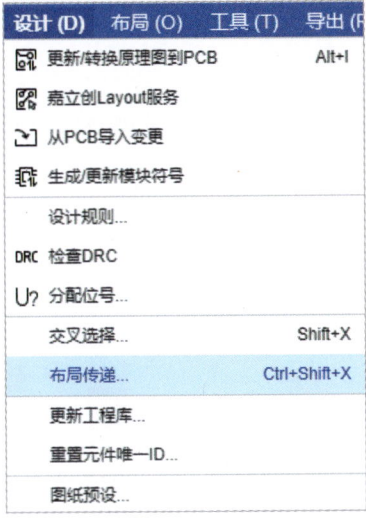

图 4-37 布局传递

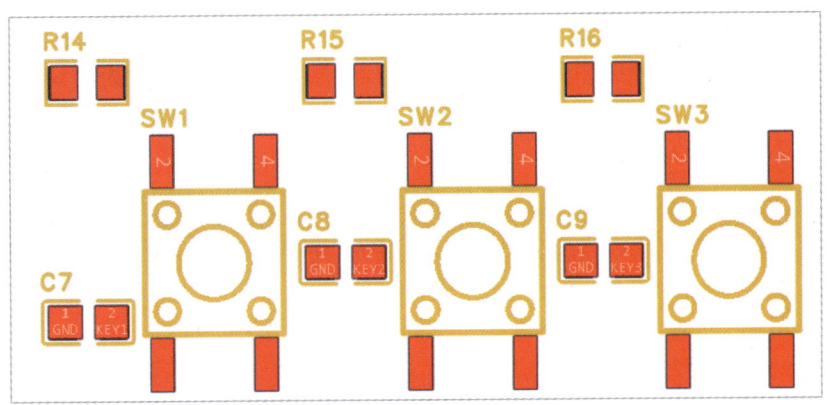

图 4-38 布局传递后的 PCB 封装位置

（3）元件的复选。按住 Ctrl 键，同时单击多个元件，即可实现对多个元件的复选。

（4）元件的对齐。单击选中需要对齐的元件，然后单击菜单栏中的 ⊫・或 ▫▫・按钮，在下拉菜单中选择所需的对齐操作，即可实现元件的对齐排列，如图 4-39、图 4-40 所示。

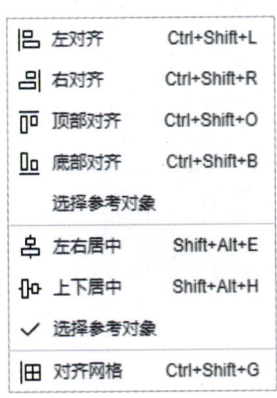

图 4-39 元件对齐工具栏

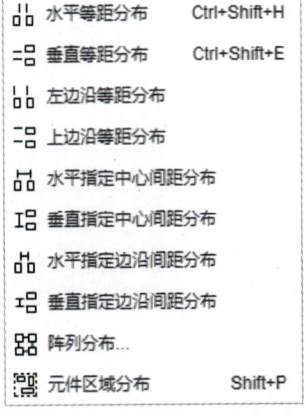

图 4-40 元件等间距分布工具栏

4.6.2 布局原则

布局应遵循以下原则。

（1）布线最短原则。例如，集成电路（IC）的去耦电容应尽量放置在相应的 VCC 和 GND 引脚之间，且距离 IC 尽可能近，使之与 VCC 和 GND 之间形成的回路最短。如图 4-41 所示，去耦电容应先以"就近原则"布局，布线时再进行微调。

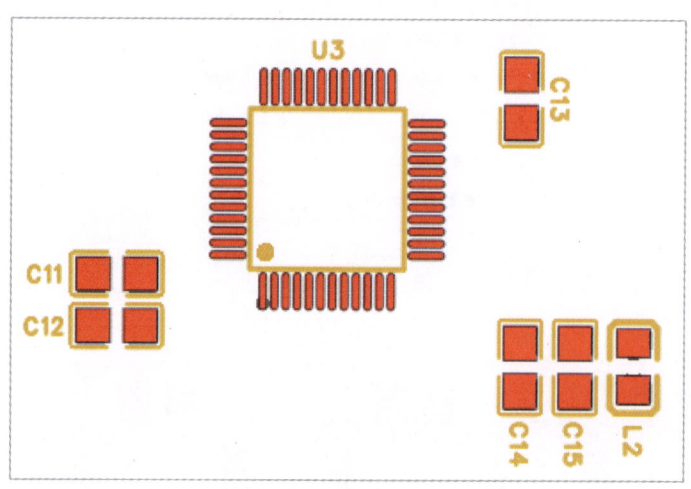

图 4-41　去耦电容布局

（2）同一功能模块中的元件应根据信号的流向，按照"就近原则"集中布局，即按功能模块布局，如图 4-42 所示。

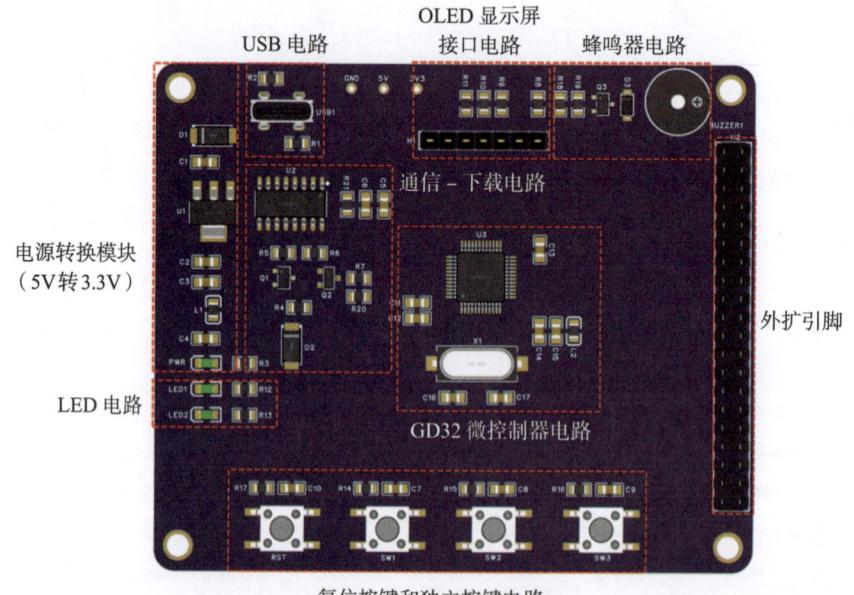

图 4-42　按功能模块布局

(3)"先大后小,先难后易"原则,即重要的单元电路、核心元件优先布局。

(4)布局时应参考原理图,根据电路的主信号流向规律放置主要元件。

(5)元件的排列应便于调试和维修,即小元件周围不能放置大元件,需要调试的元件周围应有足够的空间。

(6)晶振布局时应尽量靠近IC,与晶振相连的电容应紧邻晶振,如图4-43所示。

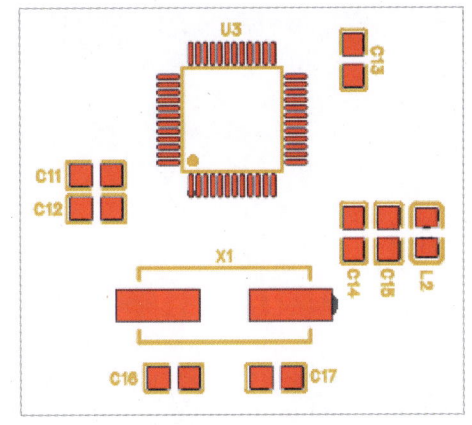

图4-43 晶振布局

GD32E230核心板布局完成的效果图如图4-44所示,其3D效果图如图4-45所示。注意,在满足元件布局规则的前提下,需提前预留放置丝印的位置。

建议初学者在第一次布局时严格参照本书中的案例进行操作,完成第一块电路板的PCB设计后再尝试自行布局。

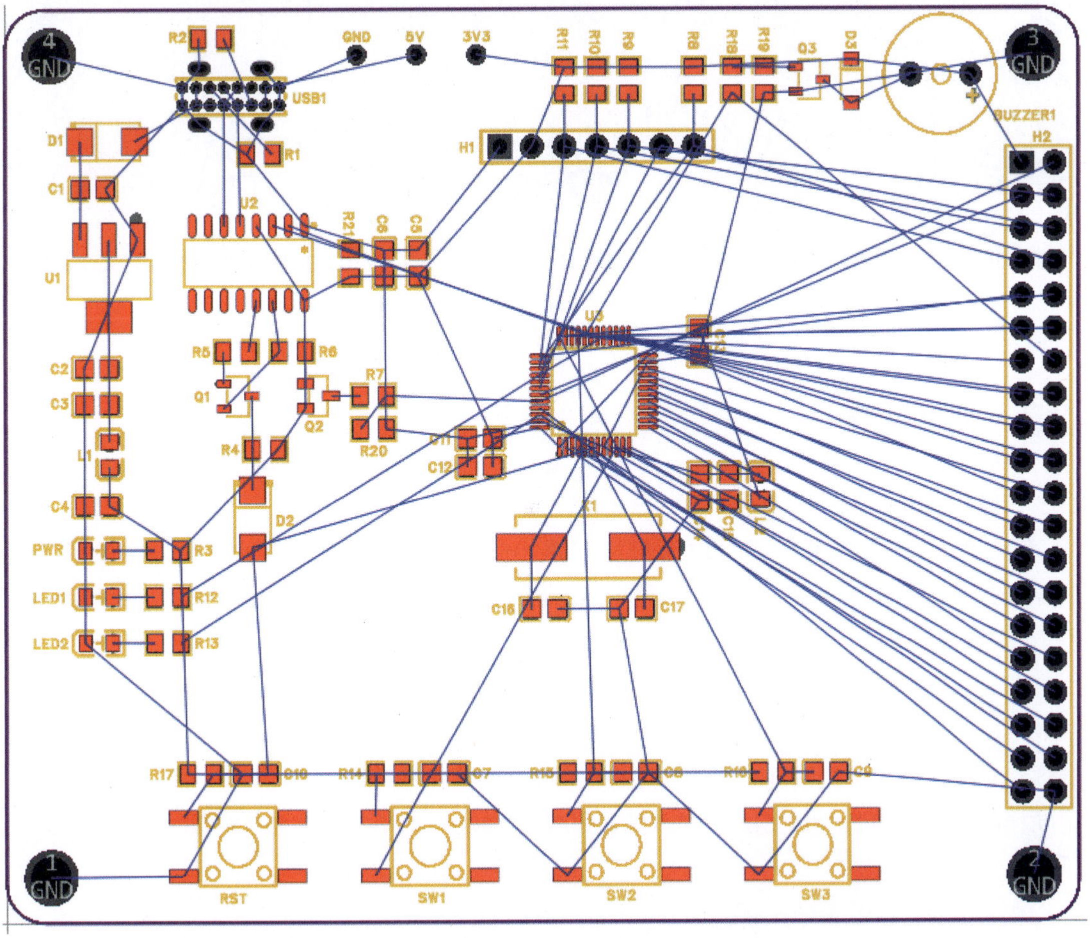

图4-44 GD32E230核心板布局完成的效果图

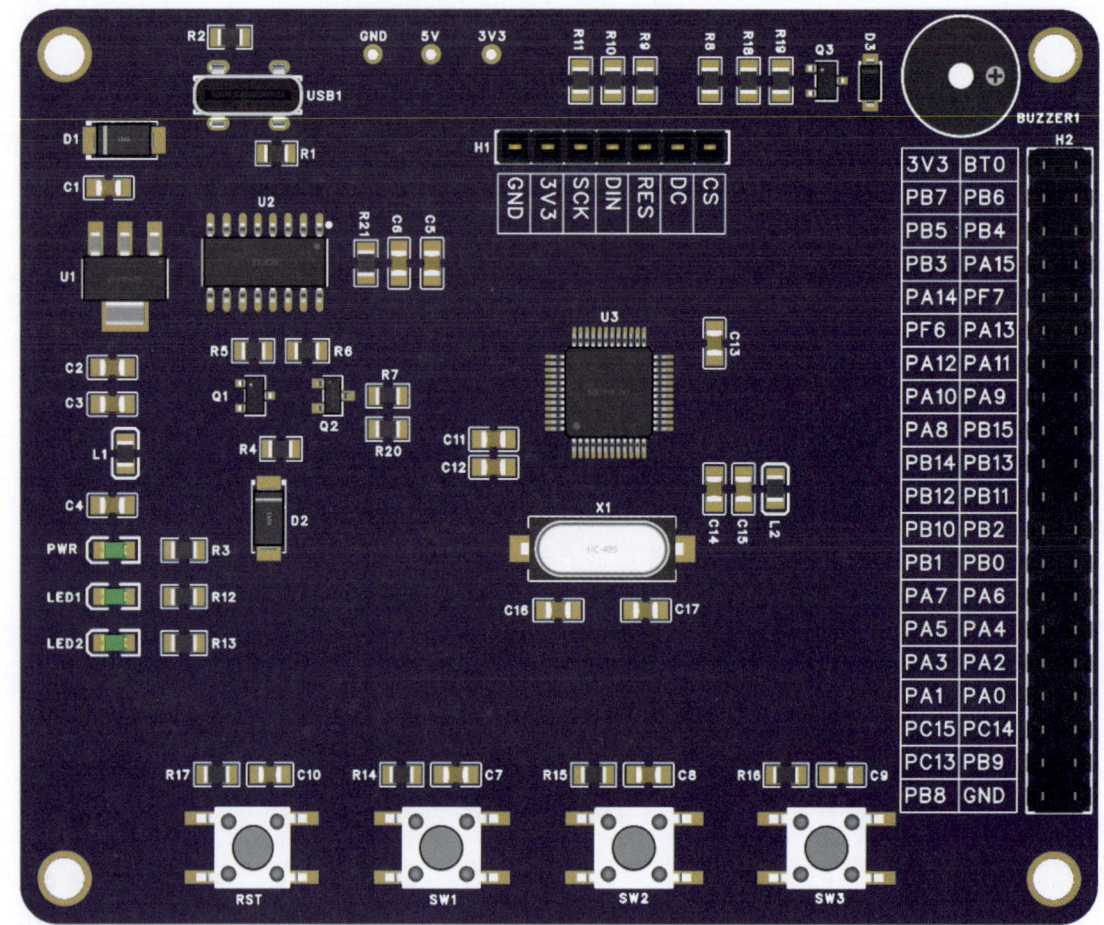

图 4-45　布局完成的 3D 效果图

4.7　元件的布线

布线过程可分为以下 8 步。

第 1 步：完成 USB 电路、电源转换电路（5V 转 3.3V）和 LED 电路的部分布线，如图 4-46 所示。布线过程中不建议关闭飞线，因为飞线有助于观察信号的流向，便于用户有逻辑地进行布线。

首先，在"图层"标签页中选择顶层，如图 4-47 所示。

单击工具栏中的 按钮，进入"单路布线"模式，如图 4-48 所示，单击电阻 R2 的右侧焊盘，根据飞线的指引连接导线到 USB1 的 B5 焊盘，然后单击 B5 焊盘，完成导线连接。用同样的方法连接 R1 与 USB1 的 A5 焊盘和 USB1 的 A7 与 B7 焊盘（UD- 网络），如图 4-49 所示。

在"图层"标签页中选择底层，如图 4-50 所示。

单击工具栏中的 按钮，连接 USB1 的 A6 与 B6 焊盘，如图 4-51 所示。由于导线连接需符合设计规则中的安全间距规则，且 UD- 网络的导线位于顶层，所以 UD+ 网络的导线应在底层进行最短路线连接，而非在顶层，否则会被 UD- 网络的导线阻挡。

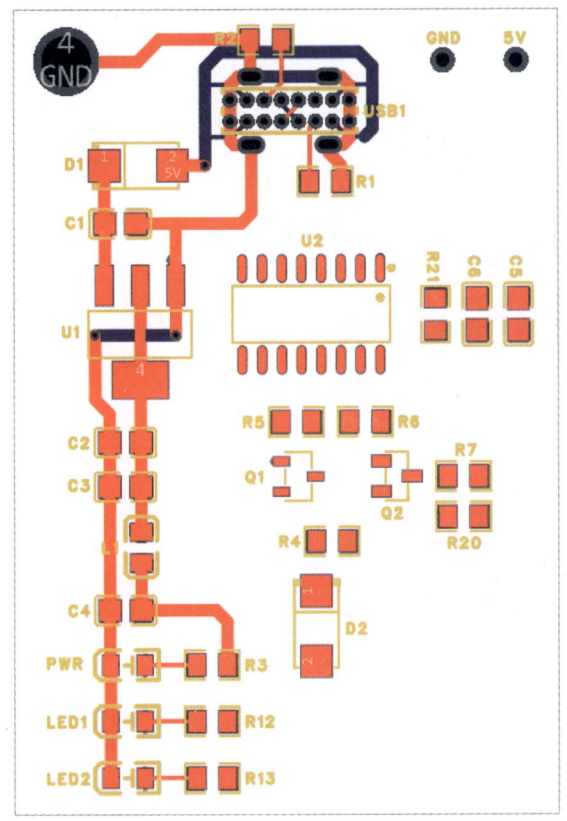

图 4-46　布线第 1 步

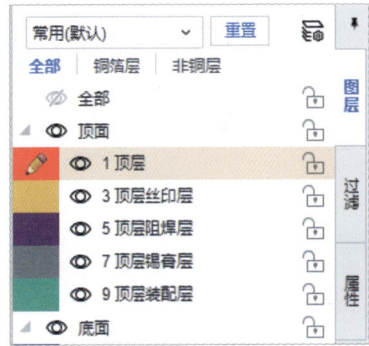

图 4-47　图层选择

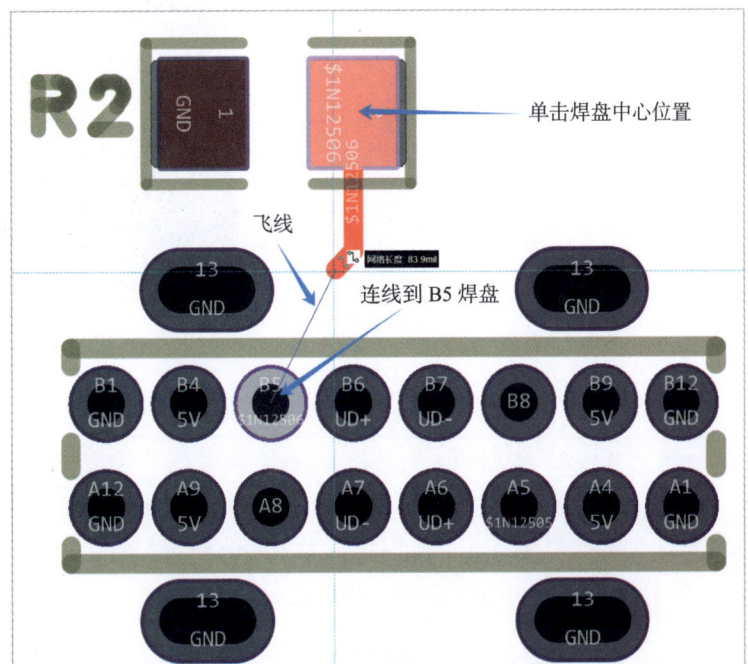

图 4-48　单路布线步骤 1

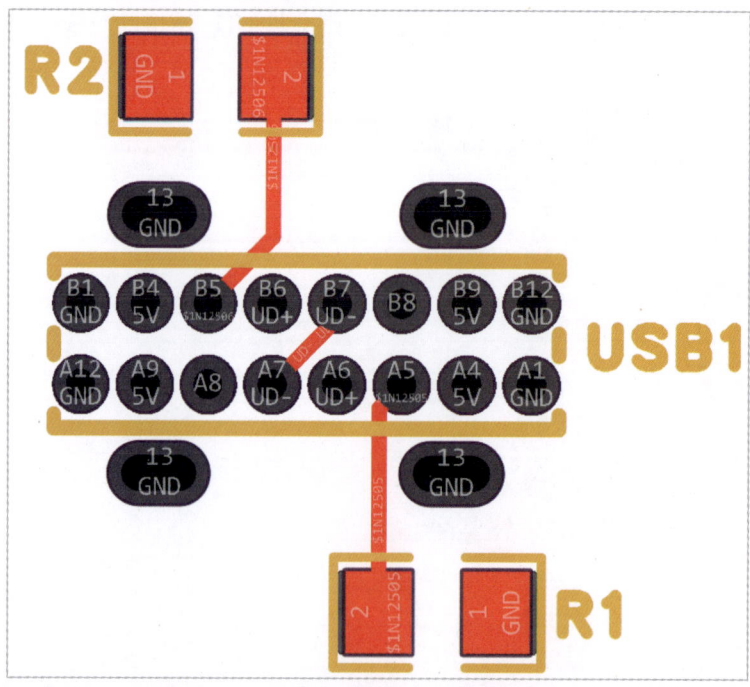

图 4-49 单路布线步骤 2（关闭飞线）

图 4-50 图层选择

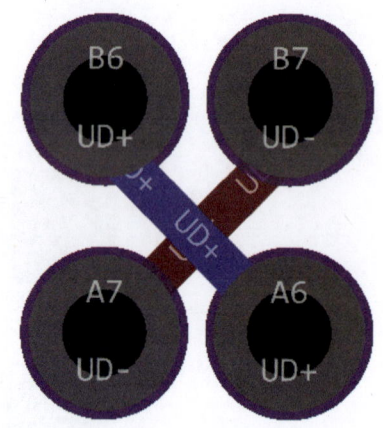

图 4-51 连接 UD+ 网络

单击工具栏中的 按钮，按 Tab 键，在弹出的"输入值"对话框中将导线线宽修改为 30mil，然后单击"确认"按钮，如图 4-52 所示。

使用线宽为 30mil 的导线连接 USB1 的 GND 网络，如图 4-53 所示。

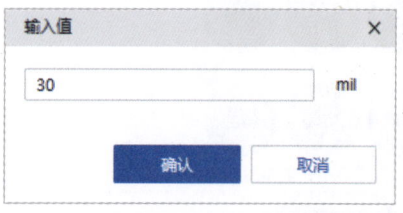

图 4-52 修改导线线宽

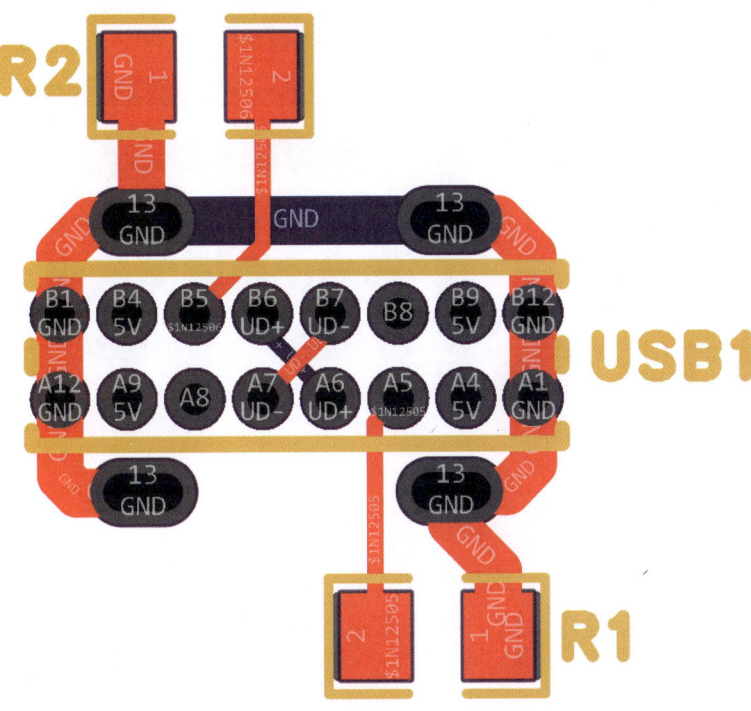

图 4-53 连接 USB1 的 GND 网络

在底层，使用线宽为 10mil 的导线将 USB1 的 5V 网络与线宽为 30mil 的 5V 网络相连，如图 4-54 所示。

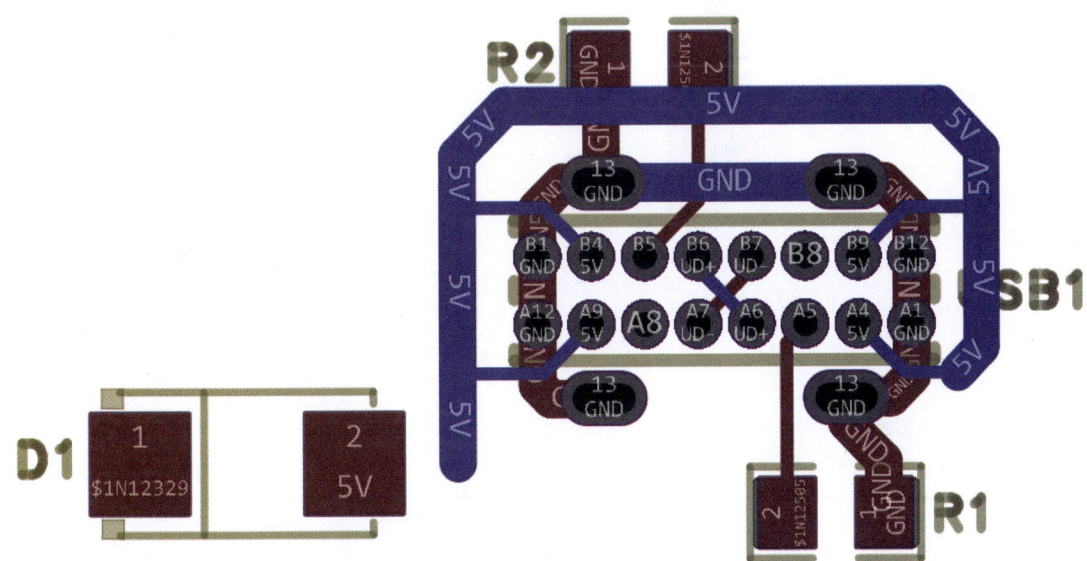

图 4-54 连接 USB1 的 5V 网络步骤 1

单击工具栏中的 按钮，在 5V 网络的底层导线上放置过孔，然后在顶层将过孔连接到 D1 的 5V 网络焊盘，如图 4-55 所示。

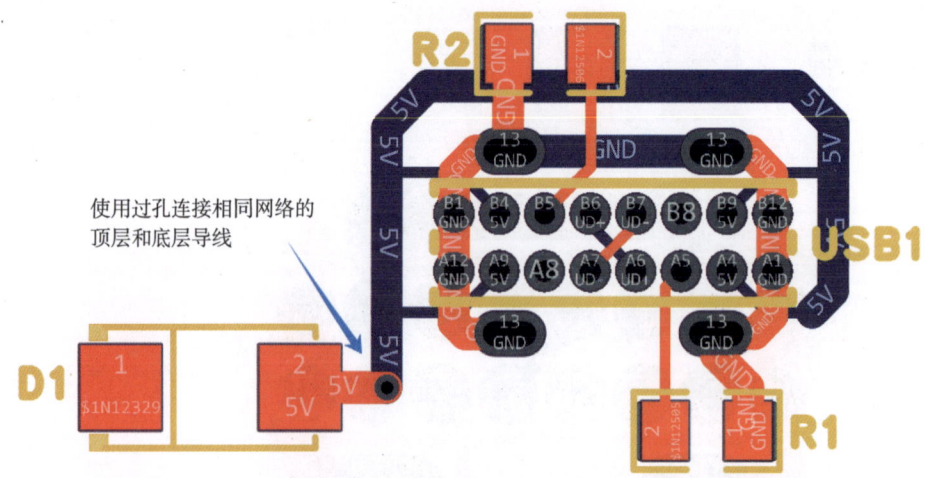

图 4-55 连接 USB1 的 5V 网络步骤 2

不允许将过孔打在焊盘上,错误示范如图 4-56 所示。

根据飞线的指引,继续连接图 4-46 中其余的网络导线,优先完成最短、最简单的布线。注意,电源转换电路中的导线线宽应设为 30mil。在同一层中禁止直角布线,建议使用 45° 拐角进行布线;而不同层之间允许过孔 90° 布线,该布线规则如图 4-57 所示。

第 2 步:完成 USB 电路和通信 - 下载电路的部分布线,如图 4-58 所示,优先完成最短、最简单的布线。

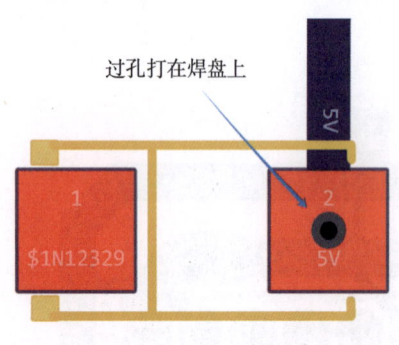

图 4-56 过孔打在焊盘上

图 4-57 布线规则

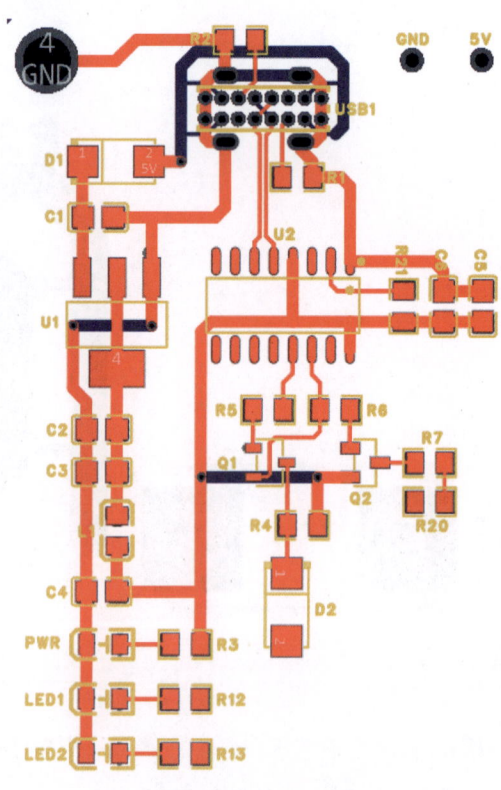

图 4-58 布线第 2 步

注意,UD+ 和 UD- 为差分对信号,在 PCB 设计环境中,执行菜单栏命令"布线"→"差分对布线",如图 4-59 所示。

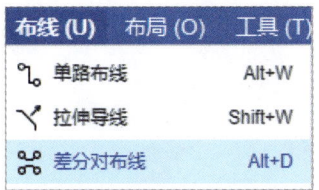

图 4-59　差分对布线步骤 1

在弹出的"警告"对话框中,单击"确认"按钮,如图 4-60 所示。

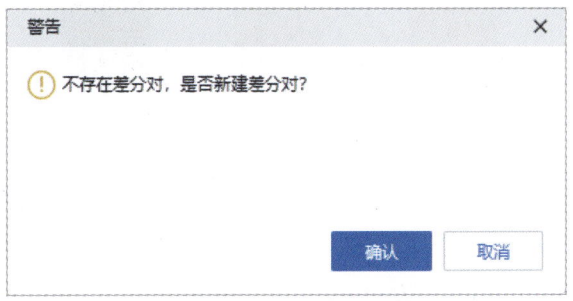

图 4-60　差分对布线步骤 2

在"差分对管理器"对话框中,设置"正网络"为 UD+,"负网络"为 UD-,如图 4-61 所示,最后单击"确认"按钮。

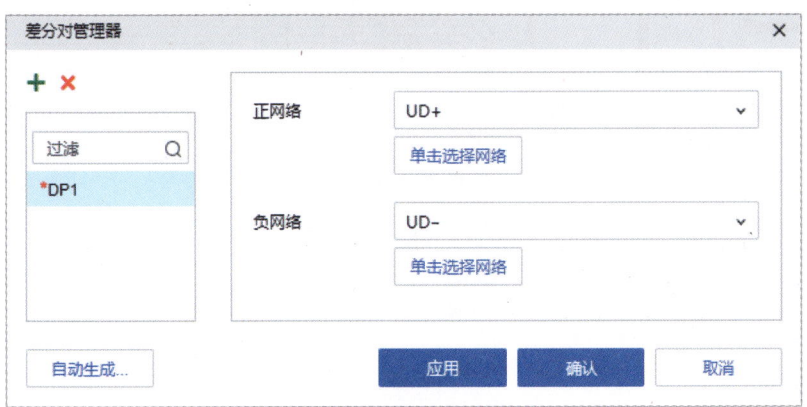

图 4-61　差分对布线步骤 3

再次执行菜单栏命令"布线"→"差分对布线",单击 UD+ 或 UD- 其中一个焊盘即可形成差分对布线,按空格键可以确认布线方向,如图 4-62 所示。

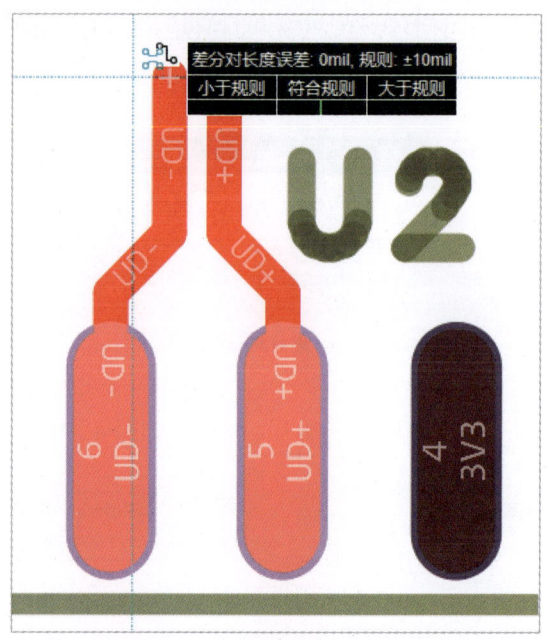

图 4-62　差分对布线步骤 4

第 3 步：完成 OLED 显示屏接口电路、蜂鸣器电路和 GD32 微控制器电路的部分布线，如图 4-63 所示。

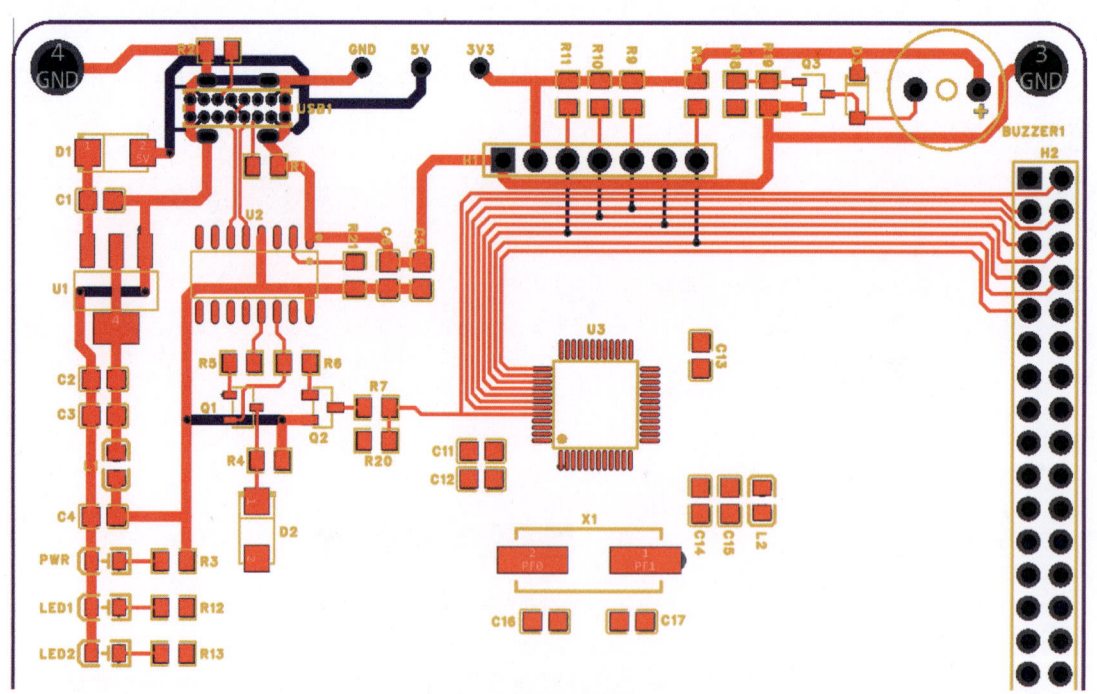

图 4-63　布线第 3 步

OLED 显示屏接口电路的引脚与 GD32 微控制器电路的引脚使用过孔连接。直插排母（H1）的焊盘为通孔式焊盘，可以直接连接底层与顶层导线，无须再放置过孔。如图 4-64

所示的"孔中孔"（在通孔式焊盘中放置了过孔）是错误的，在错误发生的位置会显示黄色"×"标记，表示违反了设计规则。

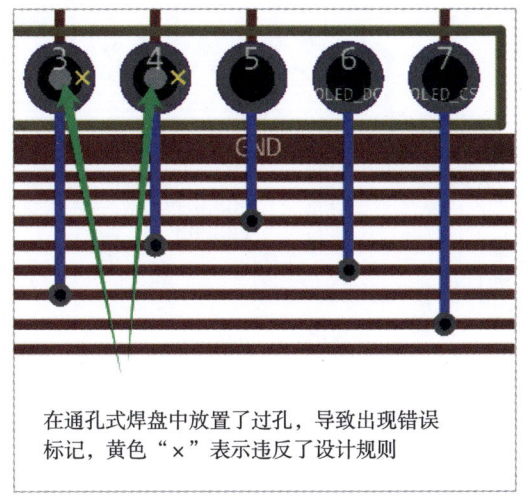

图 4-64 "孔中孔"错误示意图

第 4 步：完成 GD32 微控制器电路、蜂鸣器电路和通信 - 下载电路的部分布线，顶层布线如图 4-65 所示，底层布线如图 4-66 所示。

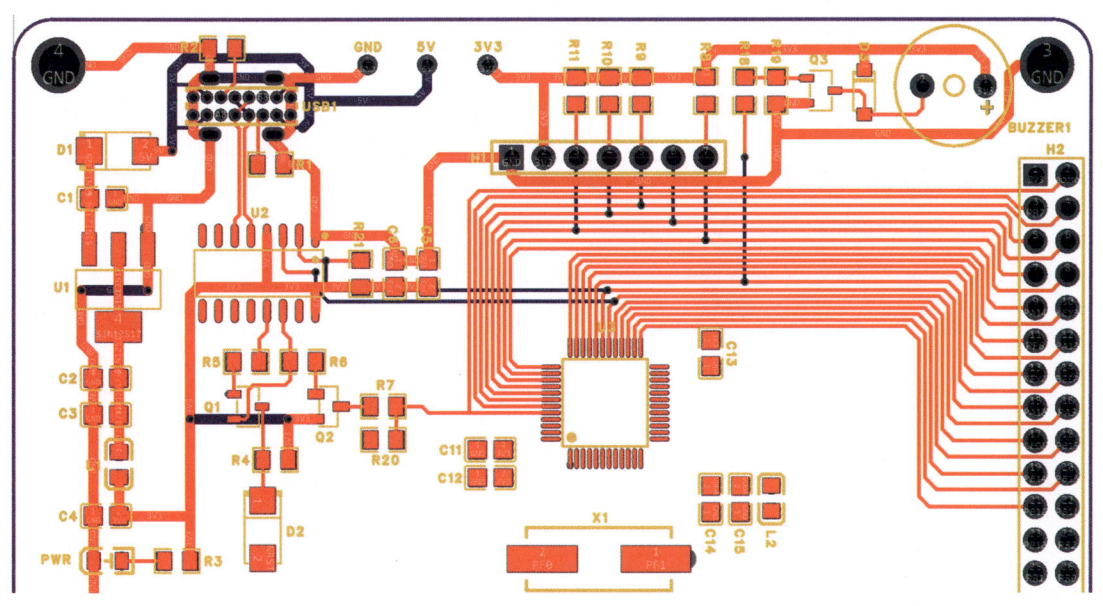

图 4-65 布线第 4 步（顶层）

第 5 步：完成 GD32 微控制器电路的部分布线，如图 4-67 所示。

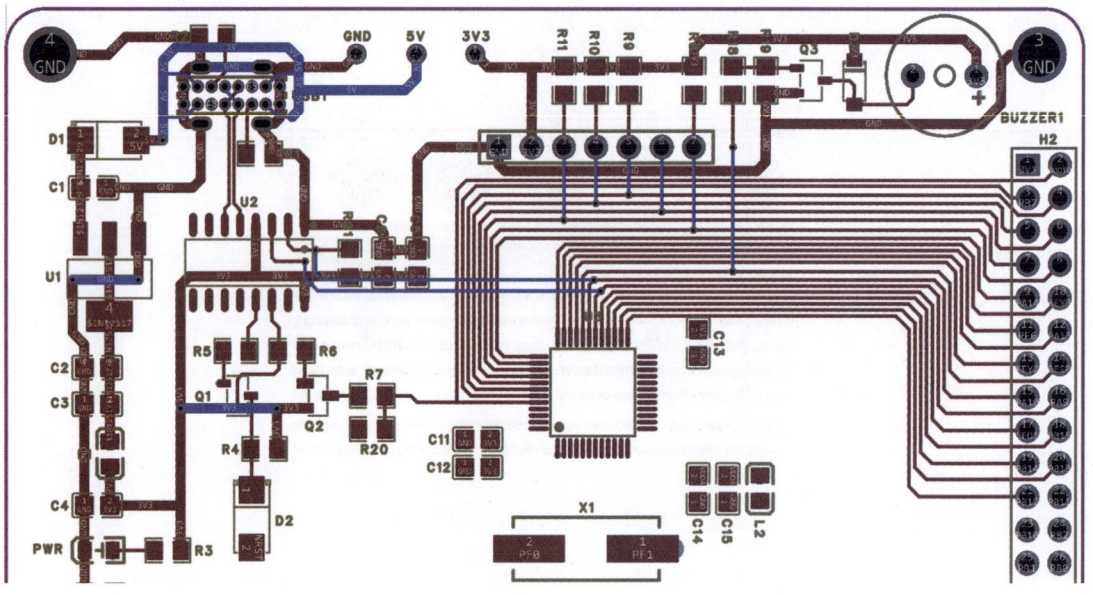

图 4-66　布线第 4 步（底层）

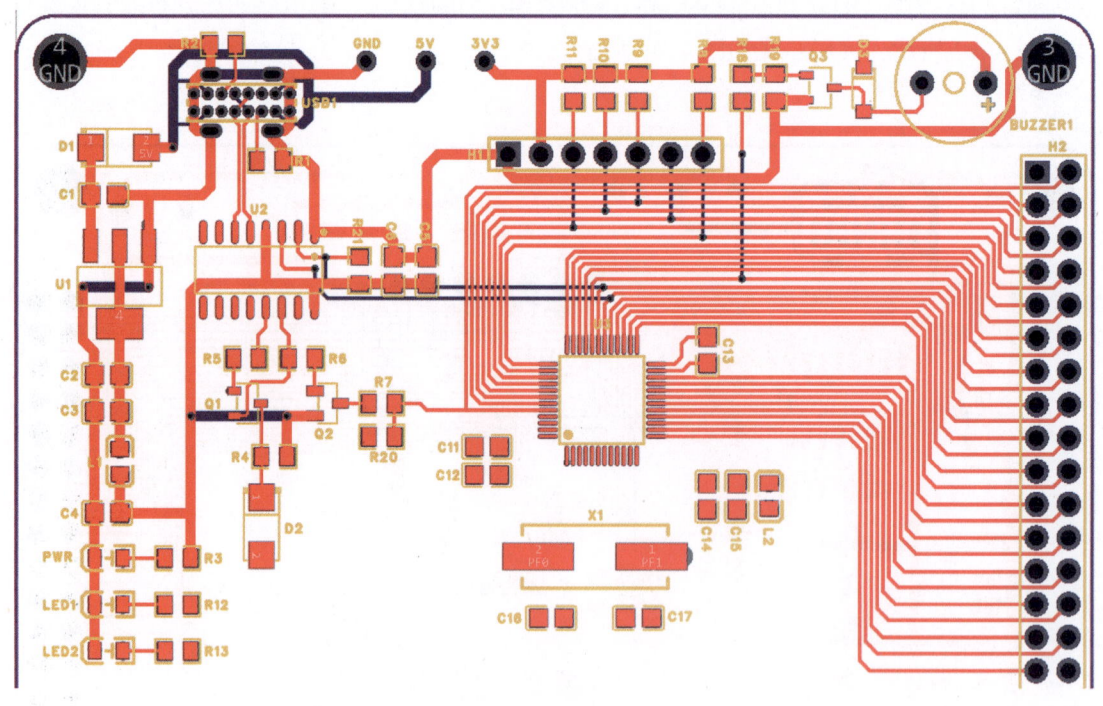

图 4-67　布线第 5 步

第 6 步：完成 GD32 微控制器电路和 LED 电路的部分布线，顶层布线如图 4-68 所示，底层布线如图 4-69 所示。

第 7 步：完成复位按键和独立按键电路的部分布线，顶层布线如图 4-70 所示，底层布线如图 4-71 所示。

第 8 步：完成剩余飞线布线，顶层布线如图 4-72 所示，底层布线如图 4-73 所示。

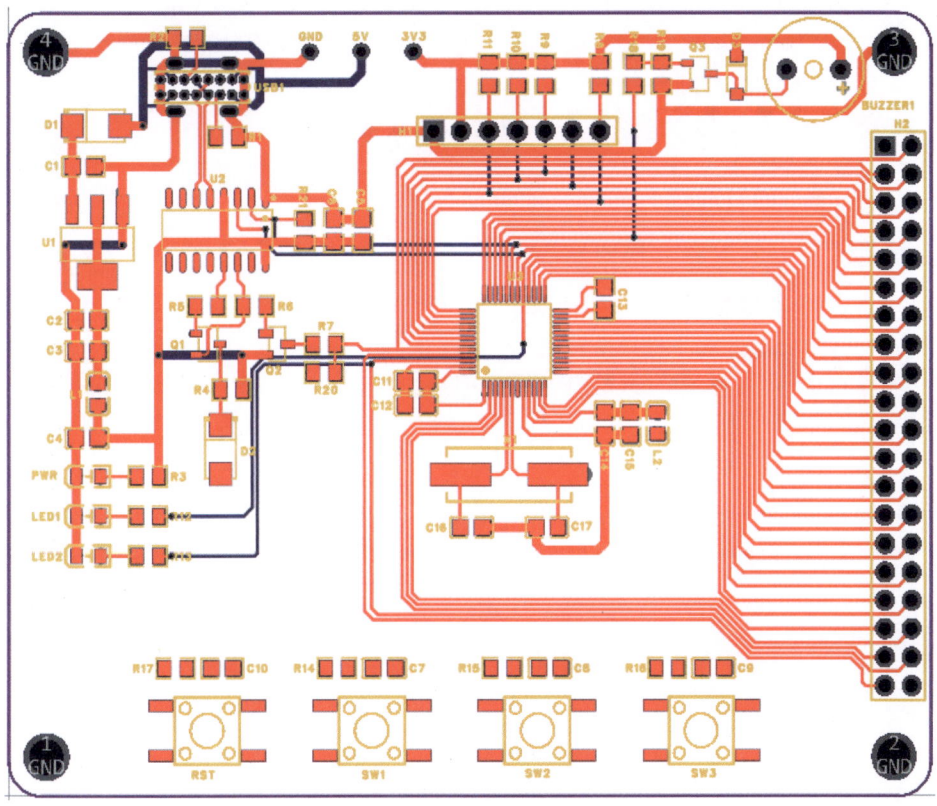

图 4-68 布线第 6 步（顶层）

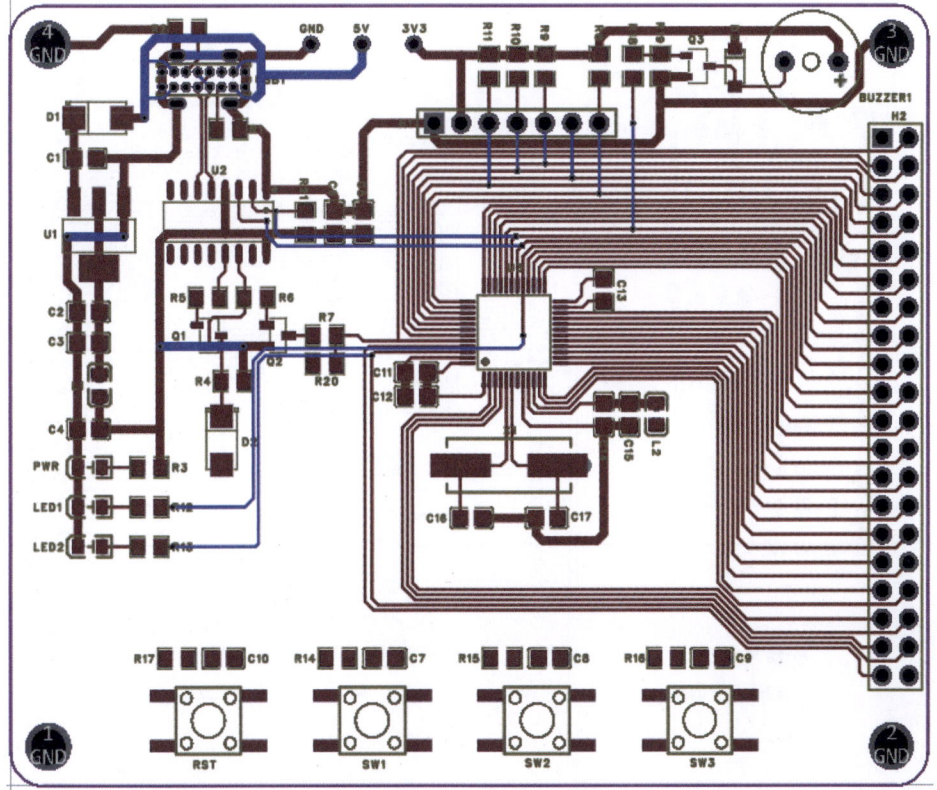

图 4-69 布线第 6 步（底层）

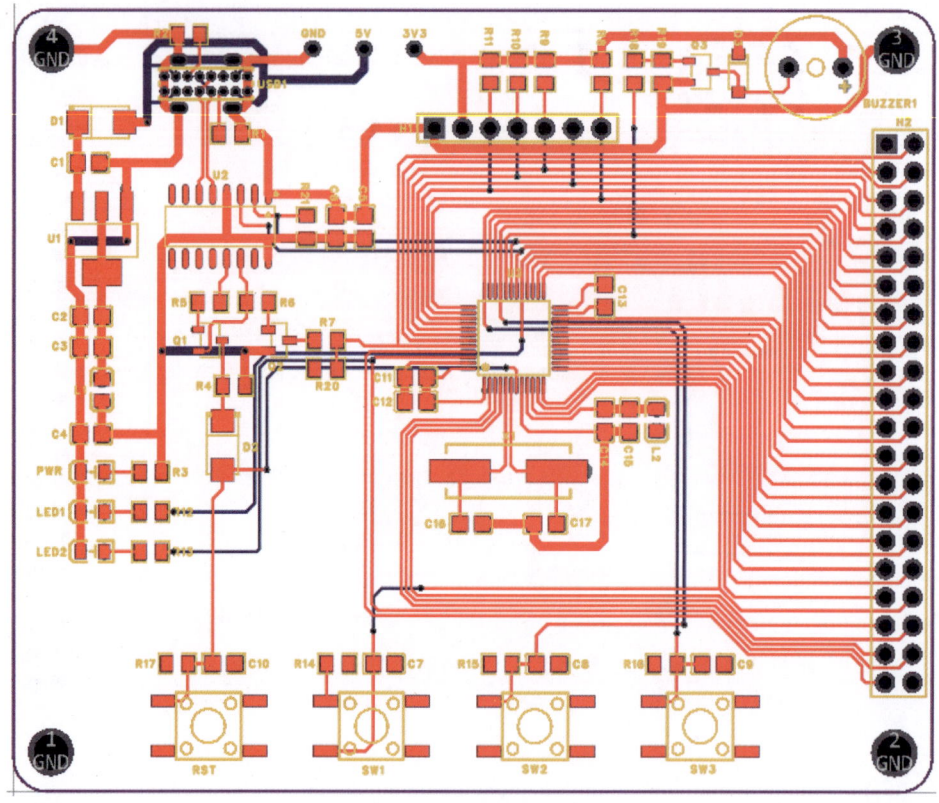

图 4-70 布线第 7 步（顶层）

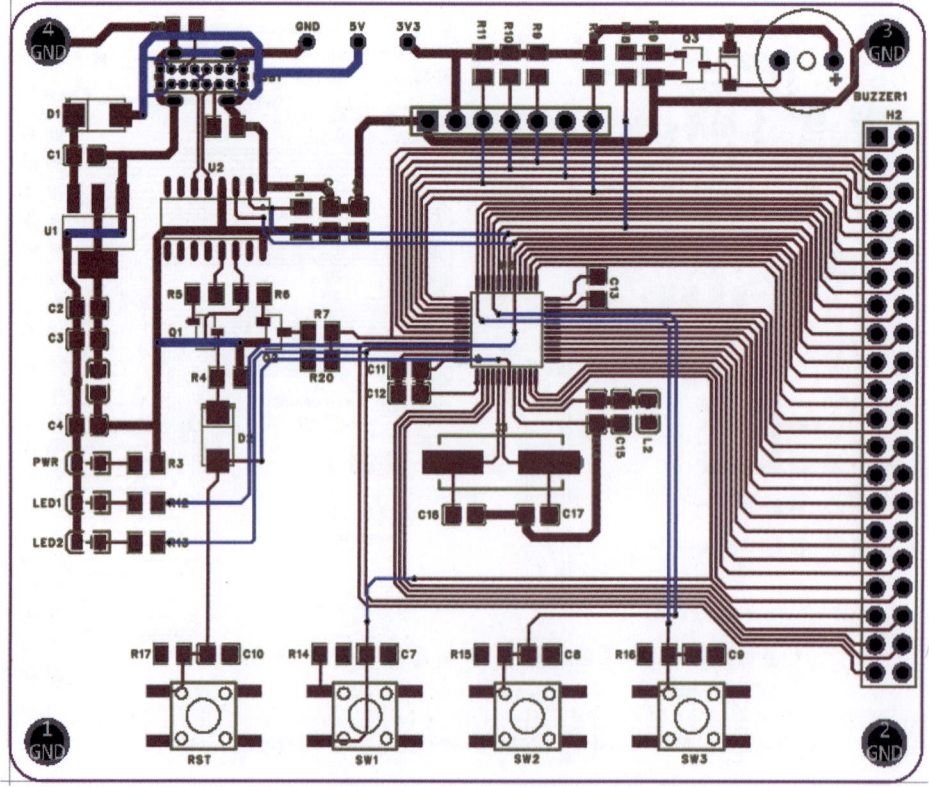

图 4-71 布线第 7 步（底层）

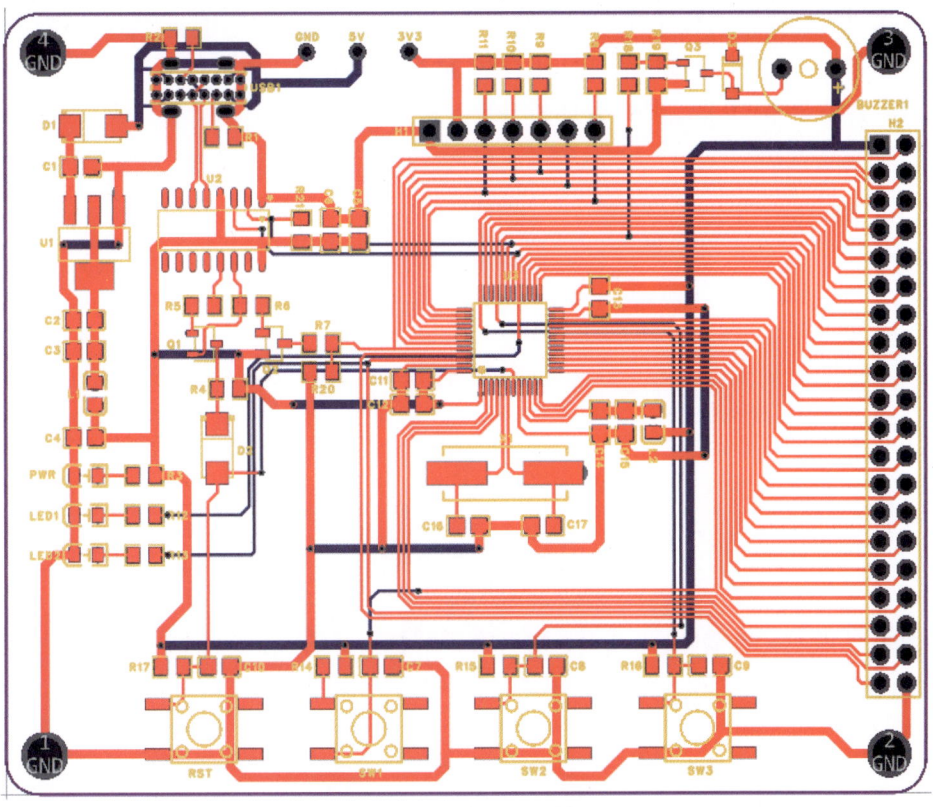

图 4-72　布线第 8 步（顶层）

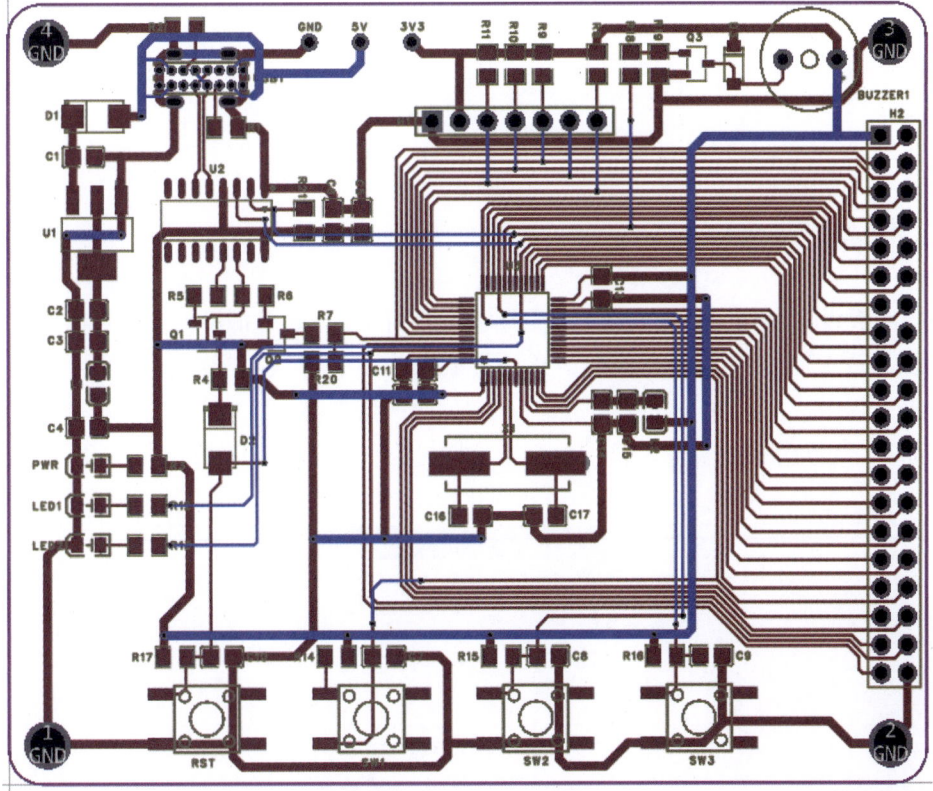

图 4-73　布线第 8 步（底层）

布线完成后，需要进行设计规则检查（Design Rule Check，DRC），以防有遗漏的飞线未连接。在 PCB 设计环境的底部，打开 DRC 标签页，单击"检查 DRC"按钮，如图 4-74 所示，若显示"全部（0）"，则表示 DRC 通过。

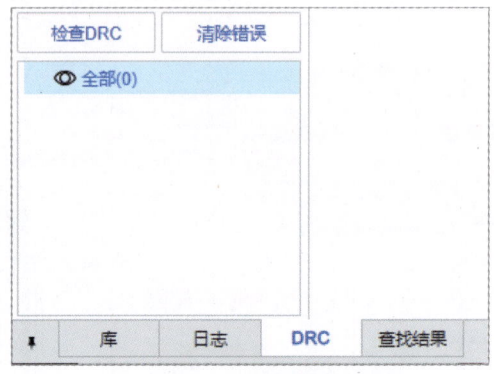

图 4-74　DRC 通过

如图 4-75 所示，若 DRC 未通过，可查看"解释"列的内容。单击"对象 x"（x 表示序号）列的内容即可定位错误。修改后再次检查，直至 DRC 通过。

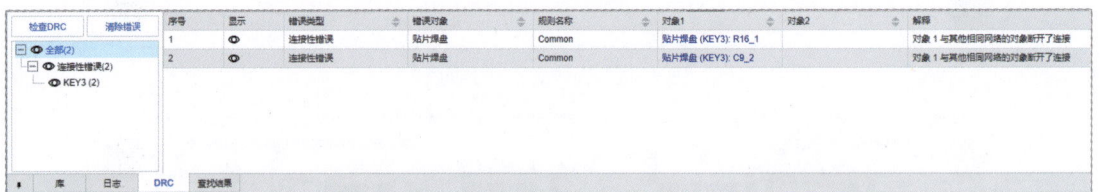

图 4-75　DRC 未通过

4.8　泪滴

在电路板设计过程中，需要在导线和焊盘/过孔的连接处补泪滴，这样做有两个好处：①在电路板受到巨大外力的冲撞时，防止导线与焊盘、导线与导线之间发生断裂；②在 PCB 生产过程中，避免由于蚀刻不均或过孔偏位而产生裂缝。

下面介绍如何添加和删除泪滴。执行菜单栏命令"工具"→"泪滴"，如图 4-76 所示。

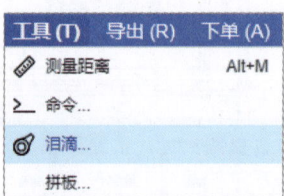

图 4-76　添加泪滴步骤 1

在"泪滴"对话框中,在"操作"选项下选择"新增",其他参数保持默认设置,单击"应用"按钮即可添加泪滴,如图 4-77 所示。

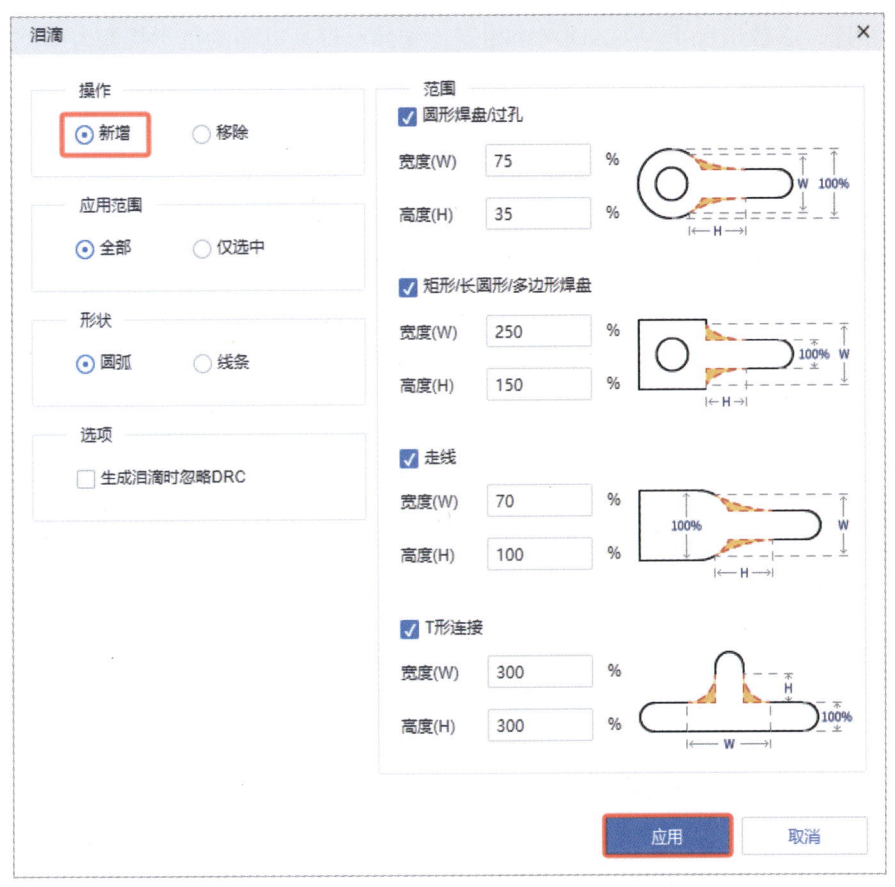

图 4-77 添加泪滴步骤 2

执行完上述操作后,可以看到电路板上的焊盘与导线、导线与导线、导线与过孔的连接处添加了泪滴,如图 4-78 所示。

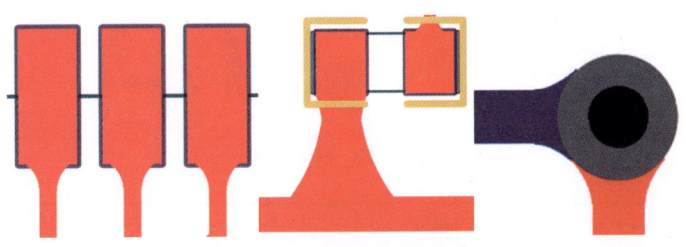

图 4-78 添加泪滴后的焊盘

对电路重新布线时,有时需要先删除泪滴。具体方法是:在图 4-77 所示的"泪滴"对话框中,在"操作"选项下选择"移除",然后单击"应用"按钮,即可删除泪滴。

4.9 铺铜

铺铜是指将电路板上没有布线的部分用固体铜填充，又称灌铜。填充的铜一般与电路的某个网络相连，多数情况下与 GND 网络相连，这样可提高电路的抗干扰能力。此外，铺铜还可以提高电源效率，与 GND 相连的铺铜可以减小环路面积。铺铜步骤如下。

首先，在"图层"标签页中选择"顶层"，单击工具栏中的 按钮，在下拉菜单中选择"矩形"。单击 PCB 板框外部，沿着板框绘制一个比板框略大的矩形框，结束绘制时再次单击，弹出"轮廓对象"对话框，如图 4-79 所示，设置"网络"为 GND，其他参数保持默认设置，然后单击"确认"按钮。单击右键可退出"铺铜"模式。

图 4-79 铺铜设置

顶层铺铜后的效果图如图 4-80 所示。

采用相同的方法给底层铺铜。底层铺铜后的效果图如图 4-81 所示。铺铜完成后，需要进行设计规则检查（DRC）。

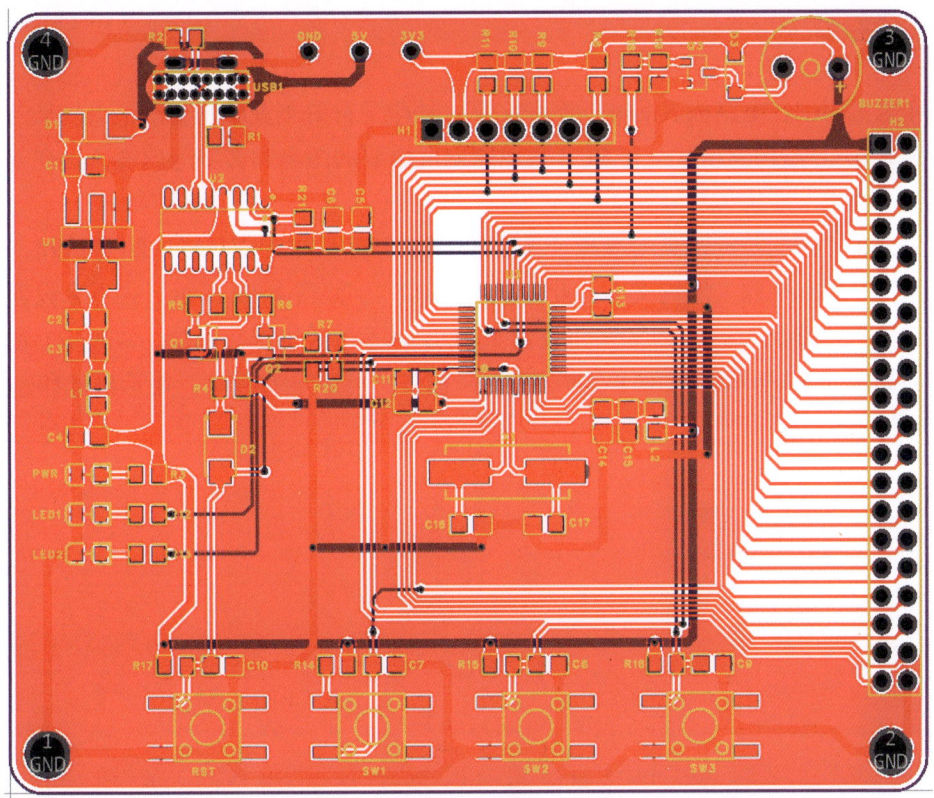

图 4-80 顶层铺铜

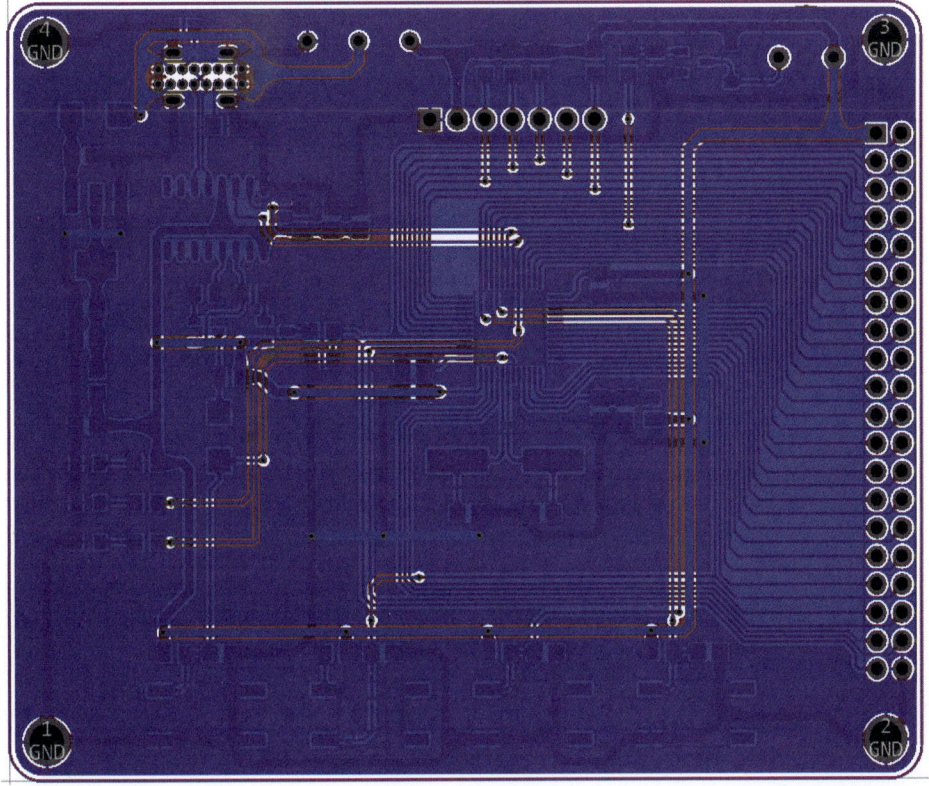

图 4-81 底层铺铜

4.10 丝印

丝印是指印刷在电路板表面的图案和文字，丝印字符的布置原则是"不出歧义、见缝插针、美观大方"。添加丝印就是在PCB表面印刷所需要的图案和文字等内容，旨在方便电路板的焊接、调试、安装和维修等。

首先，在"图层"标签页中选择"顶层丝印层"，然后单击工具栏中的 T 按钮，在弹出的"文本"对话框中输入所需文本，此处输入"3V3"，如图4-82所示。接下来设置线宽和高，然后单击"确认"按钮，将丝印放置于PCB上适当的位置。例如，添加H1元件的引脚丝印，如图4-83所示，单击工具栏中的 ∠ 按钮，可以绘制线条、矩形框丝印，此处将线宽设置为8mil。

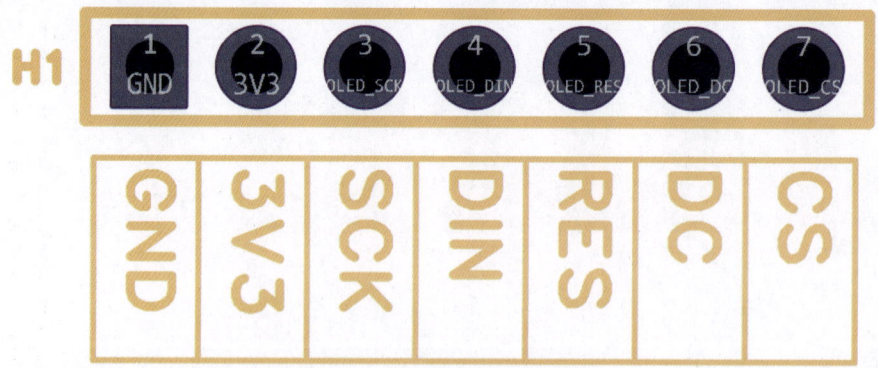

图4-82　输入丝印文本

图4-83　H1元件的引脚丝印

下面介绍批量修改元件位号丝印大小的方法。如图4-84所示，单击选中一个元件的位号丝印，然后单击右键，在快捷菜单中单击"查找…"命令。

第 4 章　GD32E230 核心板 PCB 设计

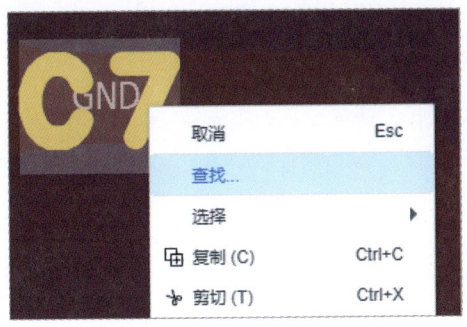

图 4-84　查找丝印步骤 1

在"查找"对话框中，单击"查找全部"按钮，如图 4-85 所示。

图 4-85　查找丝印步骤 2

在"属性"标签页中，分别将"线宽"和"高"修改为 8mil 和 70mil，如图 4-86 所示。修改完成后，关闭"查找"对话框。

图 4-86　修改丝印属性

完成 H1 和 H2 元件引脚丝印的添加，并批量修改元件位号丝印大小后的效果图如图 4-87 所示。

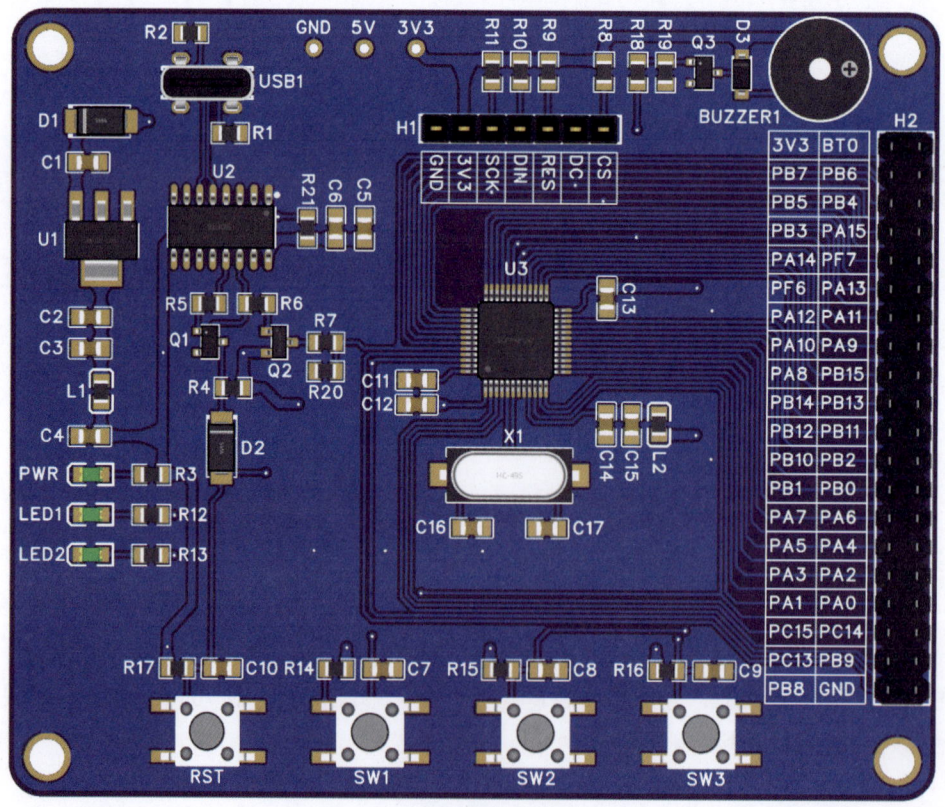

图 4-87　丝印效果图

为方便对电路板进行管理，可以在电路板上添加名称和版本信息。在"图层"标签页中选择"顶层丝印层"，然后单击 T 按钮，放置丝印"GD32E230 核心板"，在"属性"标签页中设置字体类型为宋体，高为 110mil；放置丝印"GD32E230C8T6-V1.0.0-20240924"，字体类型保持默认设置，并设置线宽为 8mil，高为 70mil，添加完成后如图 2-1 所示。所有步骤完成后，需再次进行设计规则检查（DRC）。

本章任务

通过本章的学习，完成 GD32E230 核心板的 PCB 设计。

本章习题

1. 简述 PCB 设计的流程。
2. 泪滴的作用是什么？
3. 铺铜的作用是什么？
4. 查阅相关资料，解释为什么不建议直角布线。
5. 查阅相关资料，解释为什么不能在焊盘上打过孔。

第 5 章

电路板制作

完成电路板设计后,下一步就是制作电路板。制作电路板包括 PCB 打样、元件采购和焊接(或贴片)三个环节。下面分别介绍使用嘉立创 EDA 下单打样 PCB 的流程,在立创商城进行元件下单的流程,以及 SMT 的下单流程。

5.1 一键PCB下单

在进行 PCB 下单前,必须执行 DRC。在 PCB 设计环境中,单击工具栏中的 按钮,或者执行菜单栏命令 "下单" → "PCB 下单",如图 5-1 所示。

图 5-1 PCB 下单步骤 1

在弹出的 "PCB 下单" 对话框中,单击 "确认" 按钮,如图 5-2 所示。

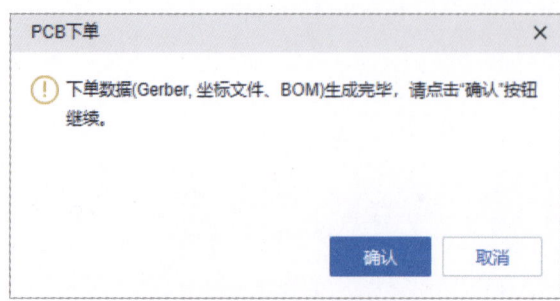

图 5-2 PCB 下单步骤 2

然后，系统将自动跳转到浏览器界面，进入下单流程，如图 5-3 所示。

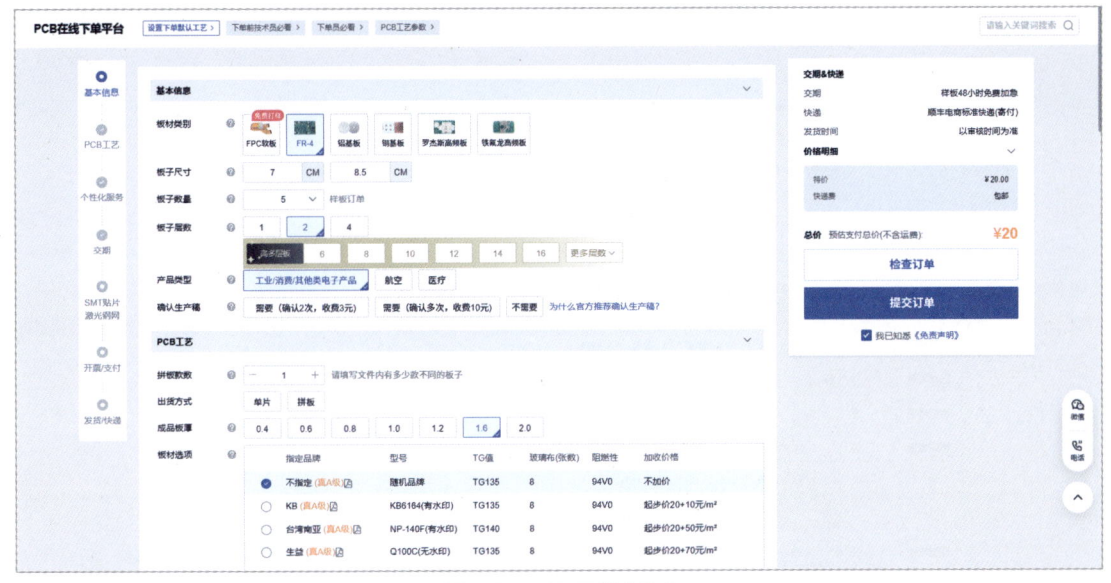

图 5-3　PCB 下单步骤 3

"基本信息"的设置如图 5-4 所示，可单击 按钮，查看各项基本信息的含义。"板材类别"默认选择 FR-4；"板子尺寸"由系统自动生成；"板子数量"可根据实际需求进行选择（至少为 5 片）；"板子层数"选择 2 层；"产品类型"可保持默认选项；是否需要"确认生产稿"可根据实际需求进行选择，此处选择"不需要"。

图 5-4　PCB 下单步骤 4

"PCB 工艺"的设置如图 5-5 所示。"出货方式"选择单片；"成品板厚"默认为 1.6mm；"板材选项"可根据需求进行选择，此处选择"不指定"；"外层铜厚"默认为"1 盎司"；"阻焊颜色"可根据需要自行选择；"阻焊覆盖"选择"过孔盖油"；其余选项保持默认选项。

"个性化服务"的设置保持默认选项，如图 5-6 所示。

图 5-5　PCB 下单步骤 5

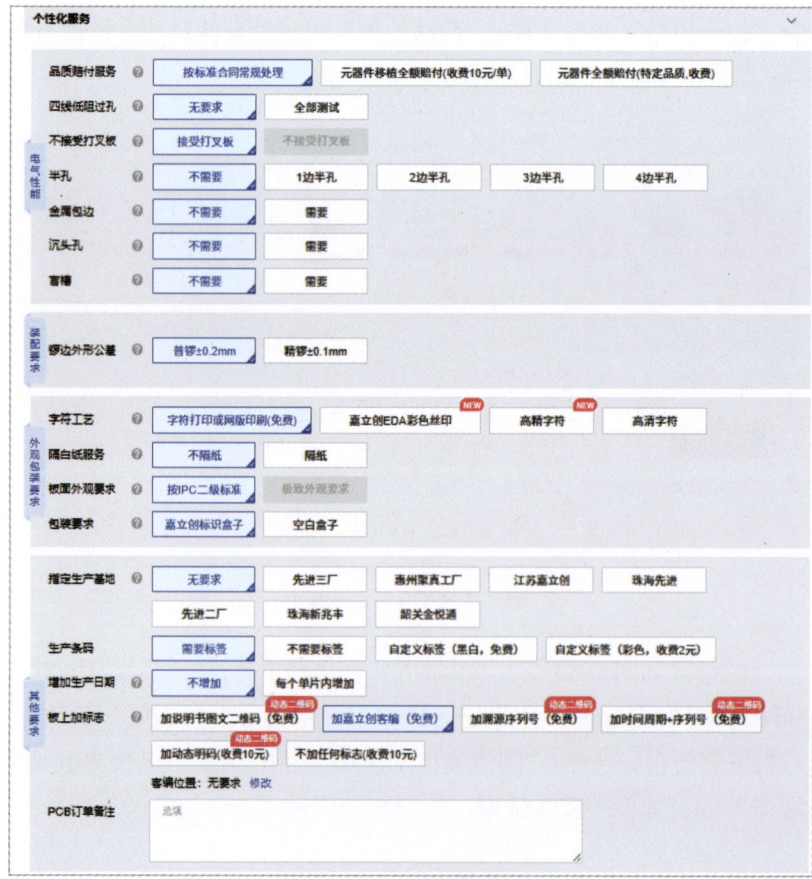

图 5-6　PCB 下单步骤 6

"交期"可根据需求进行选择,如图 5-7 所示。

图 5-7　PCB 下单步骤 7

"SMT 贴片/激光钢网"的设置如图 5-8 所示。若后期计划进行手工焊接,则两项均选择"不需要"。

图 5-8　PCB 下单步骤 8

下单页面中还包含"开票/支付"和"发货/快递"项,用户可以按需选择。全部设置完成后,检查并提交订单,确认无误后进行支付,即可完成 PCB 下单。

5.2　小助手PCB下单

在一键 PCB 下单过程中,图 5-2 中的文件无法直接保存到本地。下面介绍如何导出 Gerber 文件并保存到本地,以便通过"嘉立创下单助手"进行 PCB 下单。

5.2.1　导出Gerber文件

在 PCB 设计环境中,执行菜单栏命令"导出"→"PCB 制板文件(Gerber)",如图 5-9 所示。

在弹出的"导出 PCB 制板文件"对话框中,单击"导出 Gerber"按钮,如图 5-10 所示,然后将文件保存到本地,即可完成 Gerber 文件的导出。

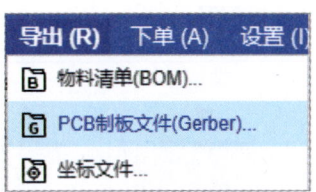

图 5-9　导出 Gerber 文件步骤 1

图 5-10　导出 Gerber 文件步骤 2

导出的 Gerber 文件是一个压缩包，解压后可以看到如图 5-11 所示的文件。Gerber 文件符合 EIA 标准，是一种被 Gerber Scientific 公司定义为用于驱动光绘机的文件。该文件把 PCB 中的布线数据转换为能被光绘机处理的文件，光绘机可据此生产 1∶1 高精度胶片。PCB 打样厂用 Gerber 文件来制作 PCB。

图 5-11　Gerber 文件

5.2.2　嘉立创下单助手

在嘉立创官网下载"嘉立创下单助手"软件安装包，如图 5-12 所示。该软件的安装过程比较简单，解压安装包后，双击 setup.exe 文件，根据安装向导即可完成安装。

图 5-12　下载"嘉立创下单助手"

打开"嘉立创下单助手",进入"PCB 在线下单"页面,如图 5-13 所示。单击"上传 PCB/FPC 下单"按钮,上传 Gerber 文件压缩包。

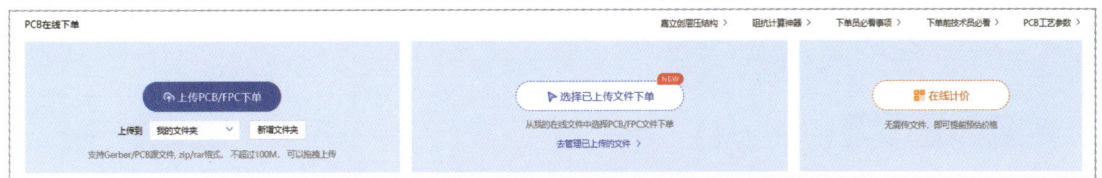

图 5-13 "嘉立创下单助手"PCB 在线下单步骤 1

文件上传成功后,确认所需板子数量,然后单击"立即下单"按钮,如图 5-14 所示。后续的下单步骤与一键 PCB 下单一致。

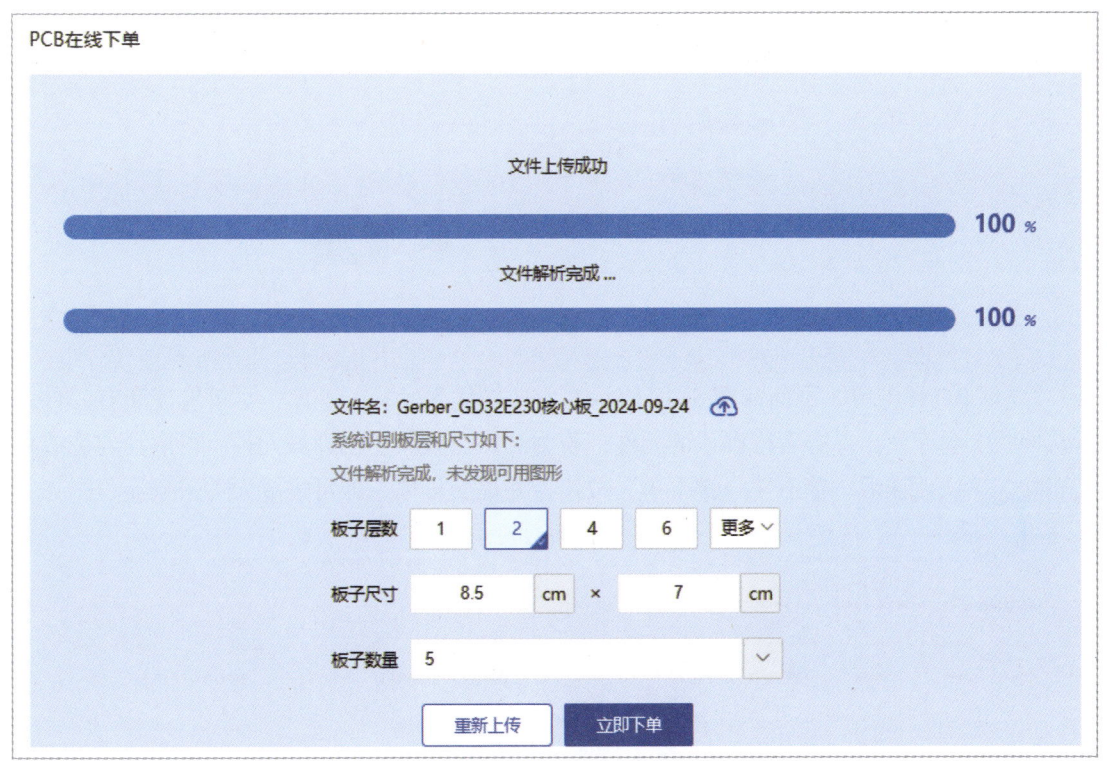

图 5-14 "嘉立创下单助手"PCB 在线下单步骤 2

5.3 一键元件下单

若选择手工焊接电路板,则需要采购元件。在原理图设计环境中,执行菜单栏命令"下单"→"元件下单",在弹出的"提示"对话框中,单击"已检查,继续操作"按钮,如图 5-15 所示。由于除了测试点(不需要焊接元件),原理图中的所有元件都是从系统库中获取的,因此不需要进行标准化检查。

在弹出的"信息"对话框中,单击"确定"按钮,如图 5-16 所示。

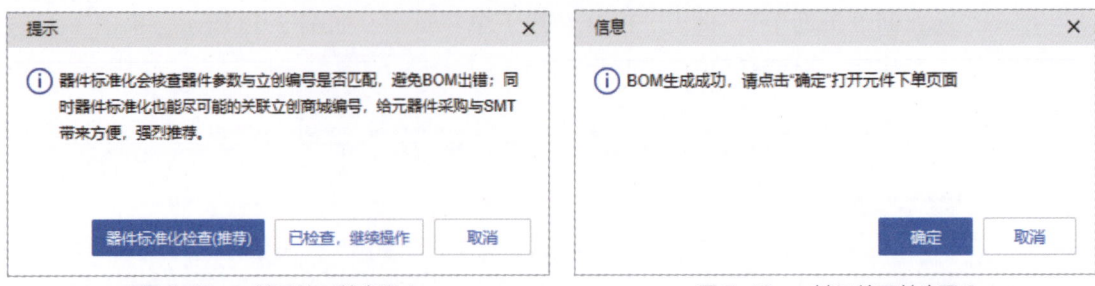

图 5-15　一键元件下单步骤 1　　　　　图 5-16　一键元件下单步骤 2

随后系统将自动跳转到浏览器界面，进入下单流程，如图 5-17 所示。按需填写采购套数，然后单击"确定"按钮。

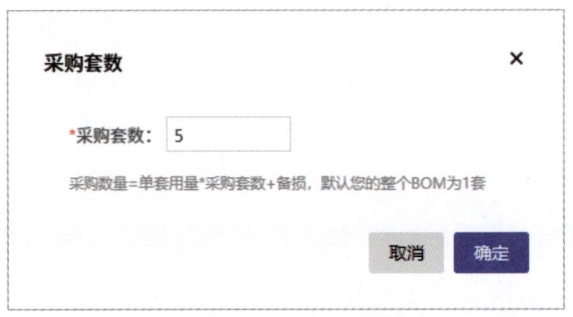

图 5-17　一键元件下单步骤 3

"立创 BOM 配单"页面如图 5-18 所示。应选择优先发货的仓库，尽可能使所有元件就近从同一个仓库发出。查看待确认的元件，若为测试点或非立创商城元件，可取消勾选或将其删除。确认无误后，单击"一键下单"按钮，并提交订单，即可完成元件采购流程。

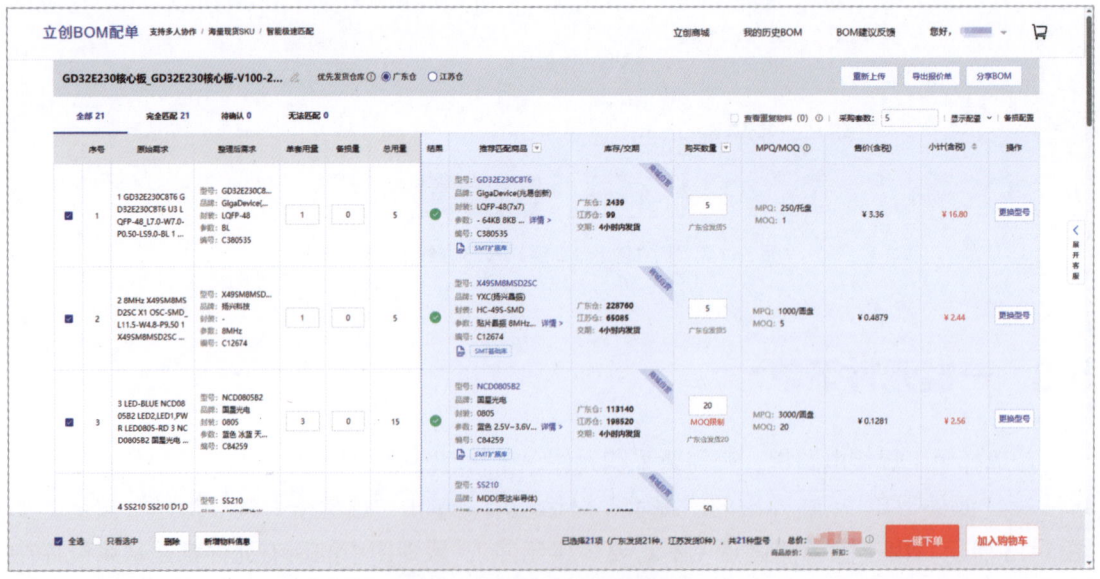

图 5-18　一键元件下单步骤 4

5.4 立创商城元件下单

在一键元件下单过程中，图 5-16 中生成的文件无法保存到本地。下面介绍将 BOM 文件保存到本地并通过立创商城下单的方法。

5.4.1 导出BOM文件

在原理图设计环境中，执行菜单栏命令"导出"→"物料清单（BOM）"，如图 5-19 所示。

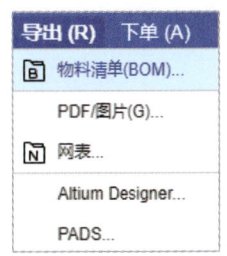

图 5-19 导出 BOM 步骤 1

如图 5-20 所示，在"导出 BOM"对话框中，勾选需要导出的参数，然后单击"导出 BOM"按钮，保存 BOM 文件到本地。

打开 BOM 文件，整理后如图 5-21 所示。

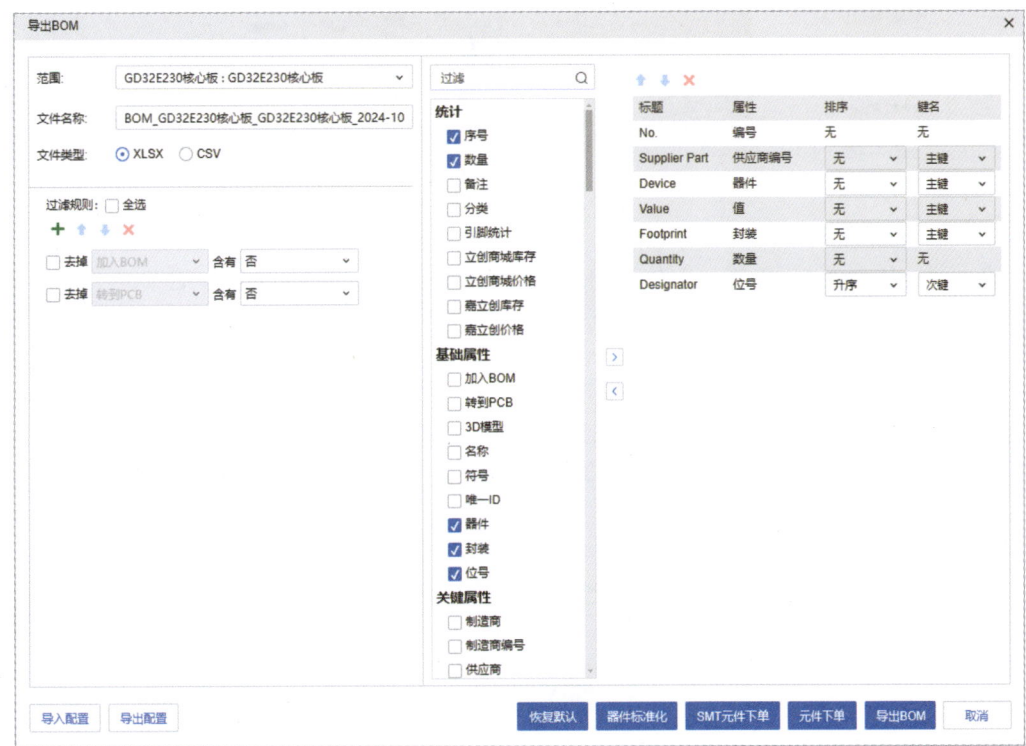

图 5-20 导出 BOM 步骤 2

图 5-21 整理后的 BOM 文件

5.4.2 元件下单

打开立创商城官网,如图 5-22 所示。单击"BOM 配单"按钮,进入 BOM 配单页面。

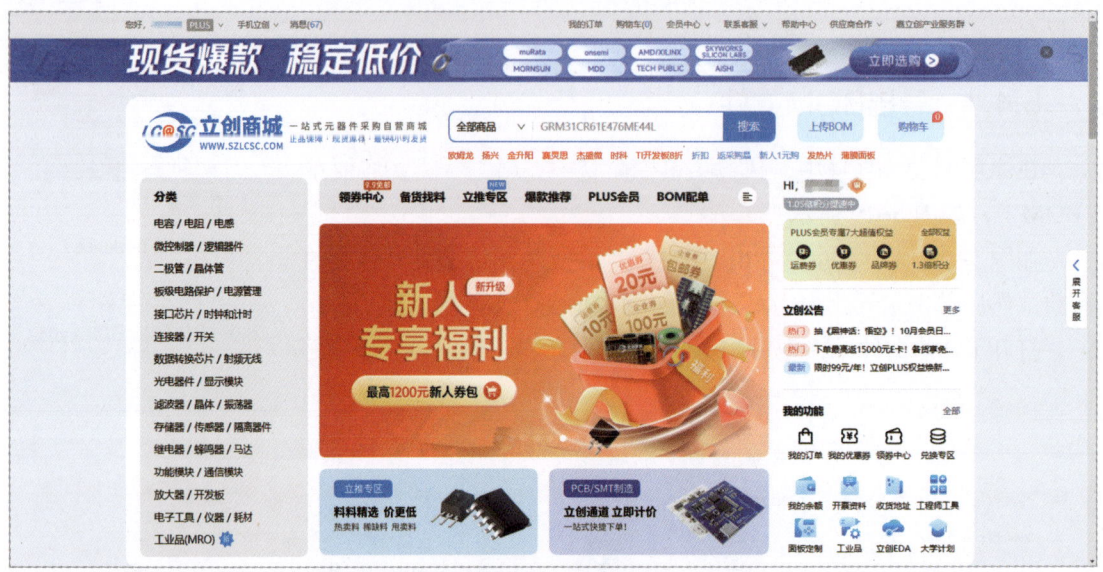

图 5-22 立创商城官网

单击"上传 BOM"按钮,上传导出的 BOM 文件,如图 5-23 所示。后续的下单步骤与一键元件下单一致。

图 5-23 上传 BOM 文件

5.5 嘉立创 SMT 下单

SMT 是 Surface Mount Technology(表面组装技术)的缩写,也称为表面贴装技术或表面安装技术，是目前电子组装行业里最流行的一种技术和工艺。它是一种将无引脚或短引线表面组装元件安装在印制电路板的表面或其他基板的表面上，通过回流焊或浸焊等方法加以焊接组装的电子装联技术。

读者可能疑惑，作为电路设计人员，为什么还需要学习电路板的焊接和贴片？因为硬件电路设计人员在进行样板设计时，常常需要进行调试和验证，焊接技术作为基本技能是必须熟练掌握的。然而，为了更好地将重心放在电路的设计、调试和验证上，也可以将焊接工作交给贴片厂完成。下面介绍嘉立创 SMT 下单流程。

5.5.1 导出坐标文件

SMT 需要用到 BOM 文件和坐标文件，下面介绍如何导出坐标文件。在 PCB 设计环境中，单击工具栏中的 按钮，或者执行菜单栏命令"导出"→"坐标文件"，如图 5-24 所示。

图 5-24　导出坐标文件步骤 1

如图 5-25 所示，在"导出坐标文件"对话框中，单击"导出"按钮，并保存坐标文件，即可完成坐标文件的导出。

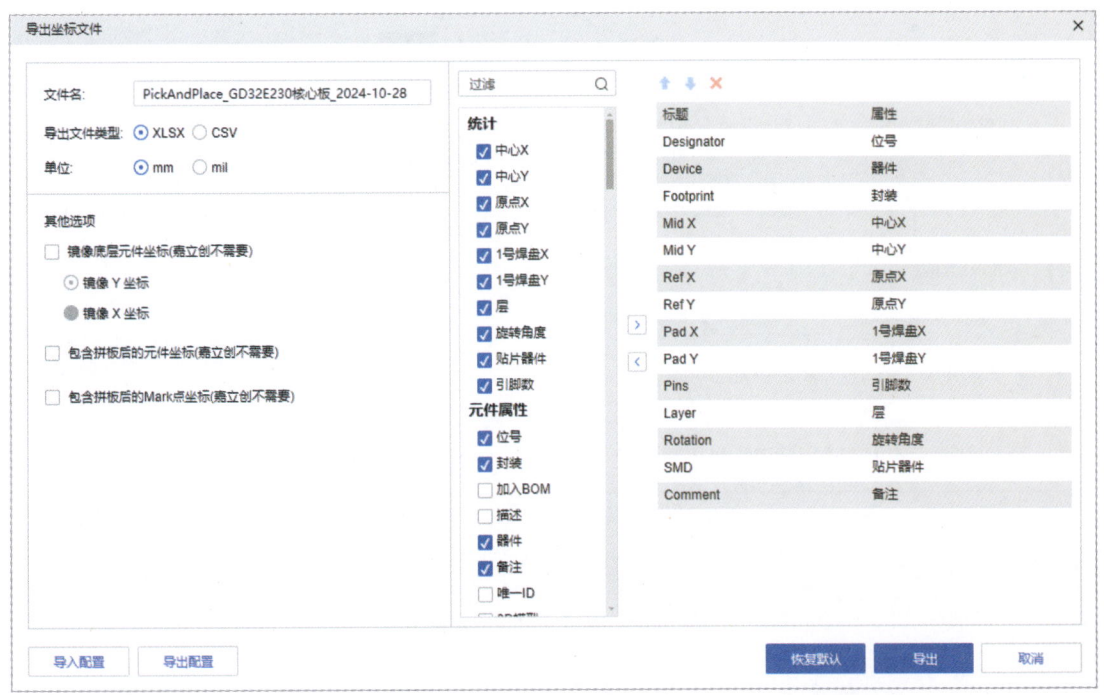

图 5-25　导出坐标文件步骤 2

打开坐标文件，如图 5-26 所示。

图 5-26　坐标文件

5.5.2　SMT 在线下单

图 5-27　去下 SMT 订单

在 PCB 下单步骤 8（见图 5-8）中，"是否 SMT 贴片"选择"需要"，然后在"嘉立创下单助手"的 PCB 订单列表中，单击"去下 SMT 订单"按钮，如图 5-27 所示。

进入"SMT 在线下单"页面，如图 5-28 所示。

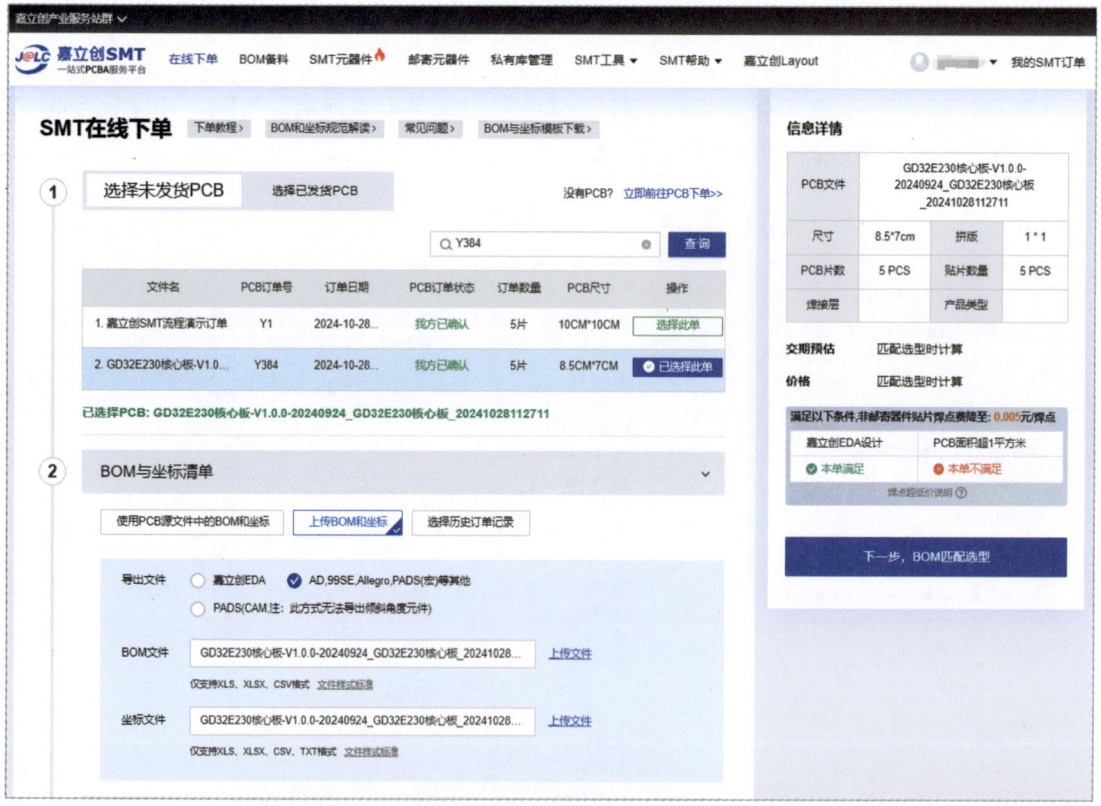

图 5-28　SMT 在线下单步骤 1

在图 5-29 中，依次单击"BOM 文件"和"坐标文件"右侧的"上传文件"按钮，分别上传 BOM 文件和坐标文件。

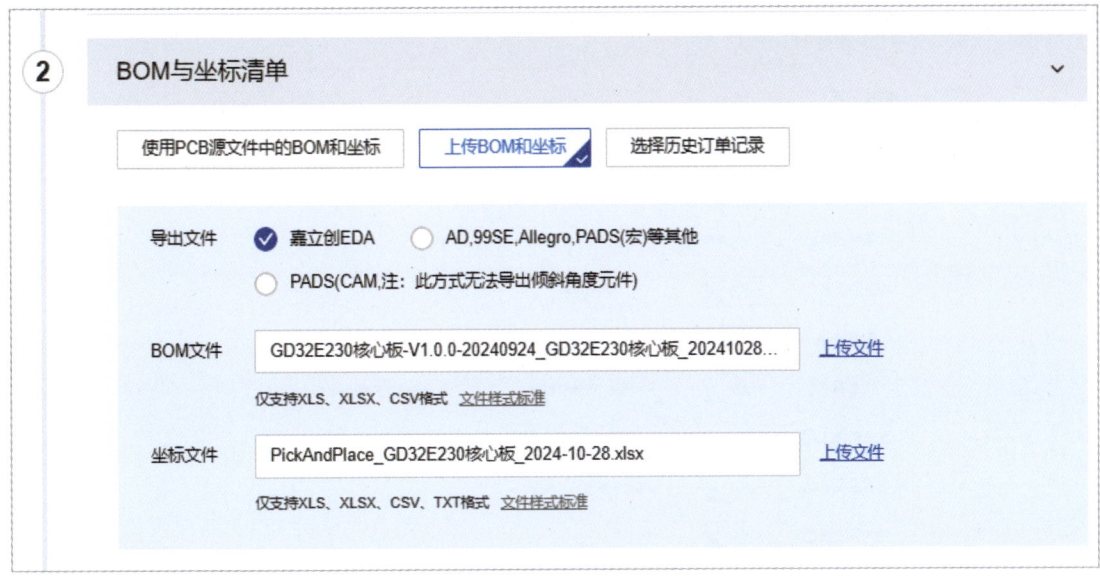

图 5-29 SMT 在线下单步骤 2

接下来根据实际需求设置"基本信息"中的相关项，如图 5-30 所示。

图 5-30 SMT 在线下单步骤 3

在图 5-31 中，根据需求设置"个性化服务""钢网/治具"和"匹配选型方式"中的相关项。

然后，单击"下一步，BOM 匹配选型"按钮，如图 5-32 所示。

图 5-31　SMT 在线下单步骤 4

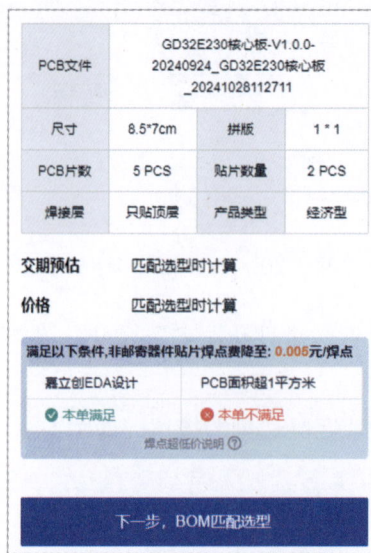

图 5-32　SMT 在线下单步骤 5

核对图 5-33 所示的贴片信息。

图 5-33　SMT 在线下单步骤 6

核对每个元件，勾选无误的元件，如图 5-34 所示。

图 5-34　核对元件

根据提示核对元件封装，勾选无误的元件，如图 5-35 所示。

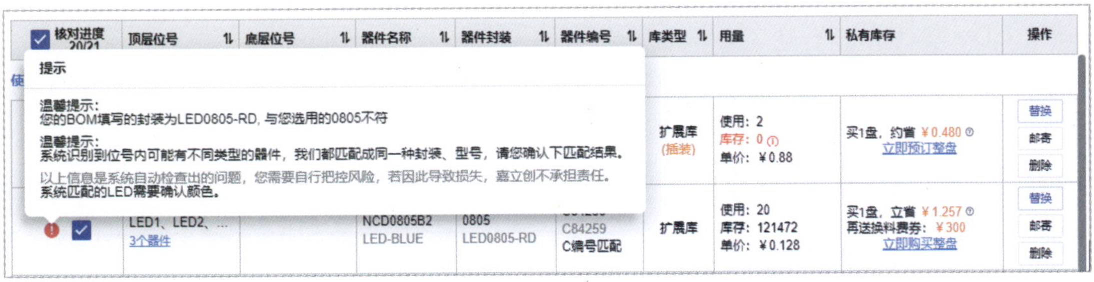

图 5-35　核对元件封装

完成全部元件的核对后，单击右下角的"备料完成，下一步"按钮，如图 5-36 所示。

图 5-36　SMT 在线下单步骤 7

在弹出的"温馨提示"对话框中，按需选择处理方式，如图 5-37 所示。

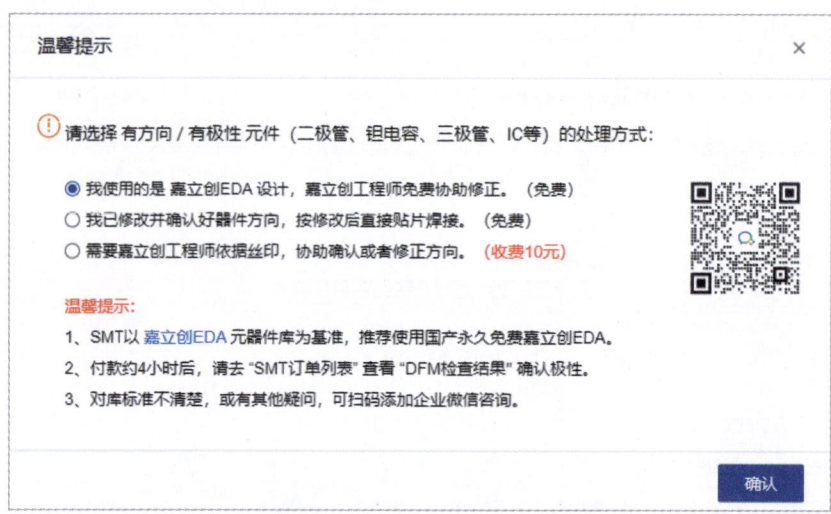

图 5-37　SMT 在线下单步骤 8

最后，在 SMT 结算页面确认下单，完成 SMT 在线下单。

本章任务

通过本章的学习，完成电子钟的 PCB 下单和元件采购。

本章习题

1. 查阅相关资料，阐述 PCB 生产工艺流程。
2. 查阅相关资料，阐述 SMT 工艺流程。

第 6 章

焊接与调试

本章将介绍电路板的焊接与调试。在焊接前,首先准备好焊接工具和材料、仪器仪表、元件和GD32E230核心板空板。

6.1 焊接工具和材料

6.1.1 电烙铁

电烙铁有很多种,推荐使用温度可调的恒温式电烙铁,其外观如图6-1所示,它由主机、烙铁手柄、烙铁架和耐热海绵组成。

常见的烙铁头有4种:刀形、一字形、马蹄形和尖形。外观如图6-2所示。本书建议初学者直接使用刀形,因为它在焊接贴片电阻、电容、电感时非常方便。

图6-1 恒温式电烙铁

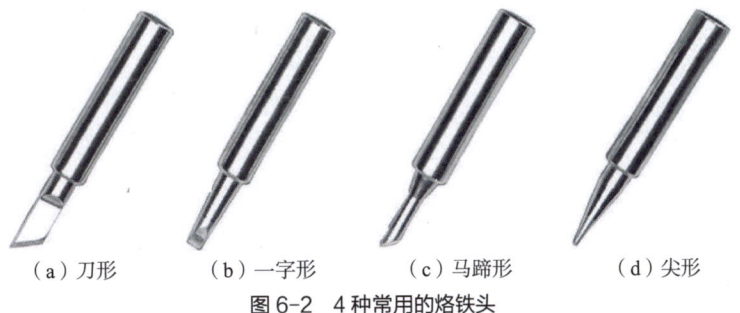

(a)刀形　　(b)一字形　　(c)马蹄形　　(d)尖形

图6-2 4种常用的烙铁头

(1)电烙铁的正确使用方法

①先把耐热海绵放到水中泡湿,海绵会迅速吸水膨胀,然后拧干海绵,并将海绵放在烙铁架的海绵槽中,如图6-3所示。

图6-3 耐热海绵使用方法

图 6-4 清洁烙铁头

图 6-5 氧化发黑的烙铁头

②将电烙铁焊台温度控制旋钮旋转到 250~350℃ 之间，然后打开电源，烙铁头会逐渐升温，当温度能熔化锡丝时，用锡丝在烙铁头上涂锡，然后把烙铁头在耐热海绵上擦拭，直到烙铁头发亮，如图 6-4 所示。

最后烙铁头均匀地镀上了一层亮亮的、薄薄的锡。烙铁头洁净发亮，才会容易挂锡。图 6-5 中的烙铁头因为包裹了一层氧化物而发黑，这种状态的烙铁头很难将锡熔化，即便温度很高也没用，此时锡不会镀在刀口上，而是变为锡珠掉落。若温度调到 400℃ 以上且持续时间过长，烙铁头会氧化，更容易损坏报废。

③焊接作业尽量控制在低温条件下进行，实际情况中 350℃、300℃、280℃ 条件下都可以焊接，最好选择 280℃，因为高温状态除了会使烙铁头更容易氧化，也会把锡丝中的助焊剂烧焦，产生白色浓烟，造成虚焊或烧伤电路板。

④焊接多引脚元件时，先给元件的某一个焊盘上锡，然后放置元件，再熔化焊盘上的锡，从而将焊盘与元件的一个引脚焊接在一起，同时起到固定元件的作用。然后一手拿电烙铁，一手拿锡丝，把锡丝放到元件的另一个引脚与焊盘的连接处，用烙铁头触碰连接处的锡丝，当锡熔化时，迅速拿开锡丝，焊盘上就会形成一个光亮的焊点；也可以先用锡丝在烙铁头上沾取一点锡，再焊接。重复这一操作即可完成元件的焊接。注意，焊接时间不宜过长，否则容易烫坏元件。

⑤当焊接完成且不用电烙铁时，必须在烙铁头上涂锡，以保证烙铁头不会因氧化而无法使用。最后要断电。

（2）电烙铁使用注意事项

①温度。温度不要超过 400℃，温度太高，烙铁头会加速氧化，寿命会缩短。长时间不用时应关掉电源，以免长时间的高温损坏烙铁头。

②力度。在焊接时，不要拿烙铁头用力戳电路板，这会损坏烙铁头和电路板。

③清洁度。要保证烙铁头的清洁，如果烙铁头发黑，上不了锡，说明烙铁头氧化了，此时必须将其清洗：先将温度调到 250℃，将烙铁头放到耐热海绵中擦拭清洗，然后再上一层锡，再清洗，再上锡，重复该操作，直到氧化物被清除干净。注意不要用砂纸或锉刀来处理，否则会损坏烙铁头的镀层，使烙铁头报废。

④防烫。烙铁头温度很高，不要烫伤自己和别人，不用时要将其放到烙铁架上。

6.1.2 镊子

焊接电路板常用的镊子外观如图 6-6 所示，有直尖头和弯尖头两种，建议使用直尖头。

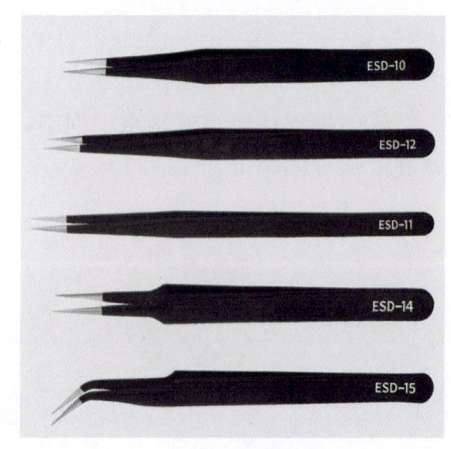

图 6-6 镊子

6.1.3 焊锡

常见的线状焊锡被称为松香芯锡线或锡丝，外观如图 6-7 所示，焊锡中的助焊剂是由松香和少量的活性剂组成的。质量好的焊锡焊点干净有光泽，残留物少，外观如图 6-8 所示。

图 6-7 线状焊锡

图 6-8 焊点

按是否环保，锡线分为有铅锡线和无铅锡线两种，在有铅锡线中含锡量最高的是 6337 锡线（含锡量、含铅量分别为 63%、37%）。除了 6337 锡线，按含锡量的不同，有铅锡线又分为 6040、5545、5050、4555 等种类。为什么没有比 6337 锡线含锡量更高的有铅锡线呢？因为 6337 锡线的铅锡配比最佳，锡线熔点达 183℃，适用于大部分元件及电子产品的焊接，且锡的价格比铅的高。

在焊接时，温度要控制在 250～350℃ 之间，因为质量好的锡线含锡量高，熔点低，在 250～280℃ 即可熔化，质量一般的锡线熔点高，通常在 350℃ 才可以熔化。锡线含锡量与熔点温度对照表如表 6-1 所示。

表6-1 锡线含锡量与熔点温度对照表

锡线含锡量	熔点温度
63%	183℃
60%	190℃
55%	205℃
50%	215℃
45%	226℃
40%	238℃
35%	247℃
30%	258℃
20%	280℃
10%	300℃

6.1.4 松香

松香的外观如图 6-9 所示，它在焊接中作为助焊剂，起助焊作用。

从理论上讲，助焊剂的熔点比焊料低，其比重、黏度、表面张力都比焊料小，因此在焊接时，助焊剂先熔化，很快流浸、覆盖于焊料表面，起到隔绝空气并防止金属表面氧化的作用，它还能在焊接的高温下与焊锡及被焊金属表面的氧化膜反应，使膜熔化，还原纯净的金属表

图 6-9 松香

面。松香是常用的助焊剂，它是中性的，不会腐蚀电路元件和烙铁头。松香的具体使用方法因个人习惯而不同，有人习惯每焊完一个元件，都将烙铁头在松香上浸一下，有人只在烙铁头被氧化，不太方便使用时，才会在上面浸一些松香。松香的使用方法也很简单，打开松香盒，把通电的烙铁头在上面浸一下即可。焊接时如果使用实心焊锡，加一些松香是必要的；如果使用松香锡焊丝，可不单独使用松香。

6.1.5 吸锡带

吸锡带的外观如图 6-10 所示。在焊接引脚密集的贴片元件时，很容易因焊锡过多导致引脚短路，这时使用吸锡带就可以"吸走"多余的焊锡。吸锡带的使用方法很简单：用剪刀剪下一小段吸锡带，用电烙铁加热使其表面蘸上一些松香，然后用镊子夹住并将其放在焊盘上，再将电烙铁压在吸锡带上，当吸锡带变为银白色时即表明焊锡被"吸走"了。注意，吸锡时不可用手碰吸锡带，以免被烫伤。

常用的焊接工具还包括吸锡枪、热风枪、洗板水、锡膏、助焊剂等，如需了解其他焊接工具和材料，可以查阅相关资料。

图 6-10 吸锡带

6.2 万用表

万用表的外观如图 6-11 所示，它通常用于导通测试或电压、电阻、电容、二极管导通电压等参数的测量。

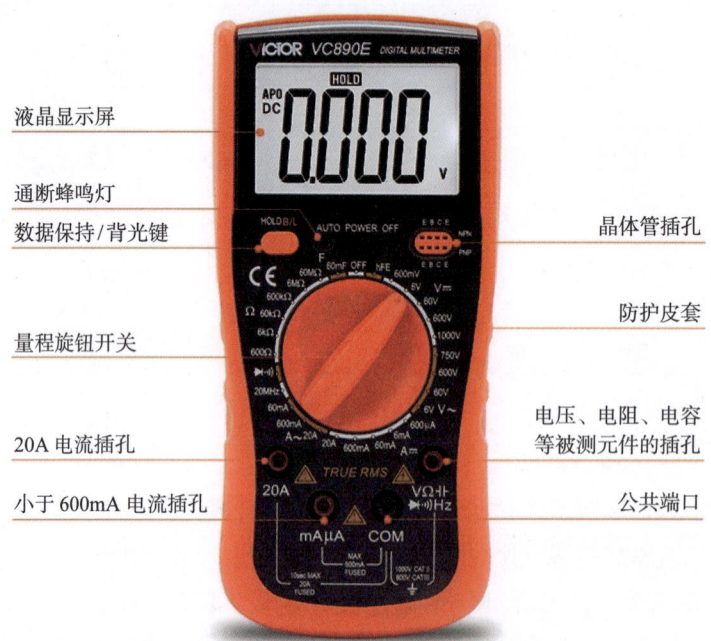

图 6-11 万用表

6.2.1 导通测试

当电路处于不工作的状态时，可进行导通测试，如图 6-12 所示，步骤如下：①将黑表笔插入 COM 孔，红表笔插入 VΩ 孔；②将旋钮旋到蜂鸣挡；③将红、黑表笔分别连接到待测电路的两端；④保持接触稳定，如果万用表蜂鸣器鸣叫且指示灯点亮，说明所测电路是连通的，否则表明电路处于断开状态。

6.2.2 测量直流电压

当电路处于工作的状态时，可进行直流电压的测量，如图 6-13 所示，步骤如下：①将黑表笔插入 COM 孔，红表笔插入 VΩ 孔；②将旋钮旋到直流电压挡（V-），且该挡位可测的最大电压值大于被测电压值；③将红表笔接到被测电压的正极，黑表笔接到负极，要注意万用表是被并联到被测电压两端的；④保持接触稳定，即可从万用表显示屏上读取电压值。

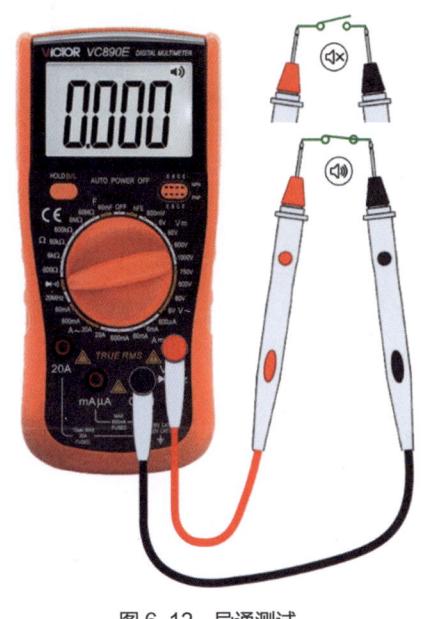

图 6-12　导通测试

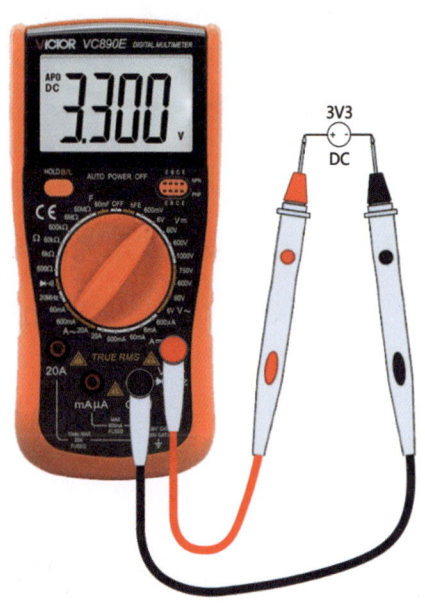

图 6-13　测量直流电压

6.2.3 测量电阻的阻值

当电阻未被焊接在电路板上时，可测量其阻值，如图 6-14 所示，步骤如下：①将黑表笔插入 COM 孔，红表笔插入 VΩ 孔；②将旋钮旋到电阻挡（Ω），且该挡位可测的最大阻值大于被测电阻的阻值；③将红、黑表笔分别接到被测电阻的两端；④保持接触稳定，即可从万用表显示屏上读取电阻阻值。

6.2.4 测量电容的容值

当电容未被焊接在电路板上时，可测量其容值，如图 6-15 所示，步骤如下：①将黑表笔插入 COM 孔，红表笔插入 VΩ 孔；②将旋钮旋到电容挡（F），且该挡位可测的最大容值大于被测电容的容值；③将红、黑表笔分别接到被测电容的两端；④保持接触稳定，即可从万用表显示屏上读取电容的容值。

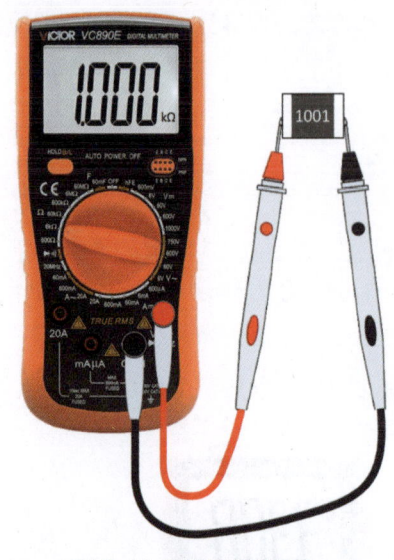

图 6-14　测量电阻的阻值

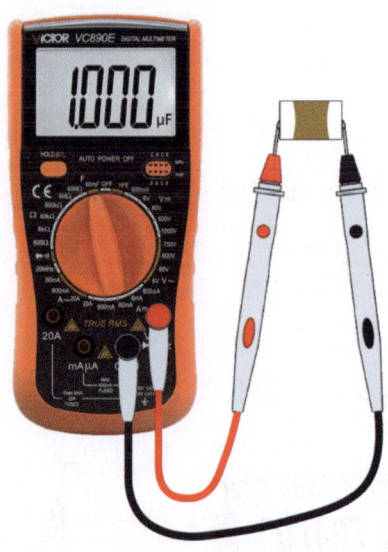

图 6-15　测量电容的容值

6.2.5　测量发光二极管的导通电压值

当发光二极管未焊接在电路板上时，可对其导通电压值进行测量，如图 6-16 所示，步骤如下：①将黑表笔插入 COM 孔，红表笔插入 VΩ 孔；②将旋钮旋到二极管挡位，因为二极管挡和蜂鸣挡位置相同，需按 HOLD B/L 键切换到二极管挡；③将红表笔接到被测发光二极管的正极，黑表笔接到被测发光二极管的负极；④保持接触稳定，二极管的导通电压值即可从万用表显示屏上读取，且发光二极管点亮。

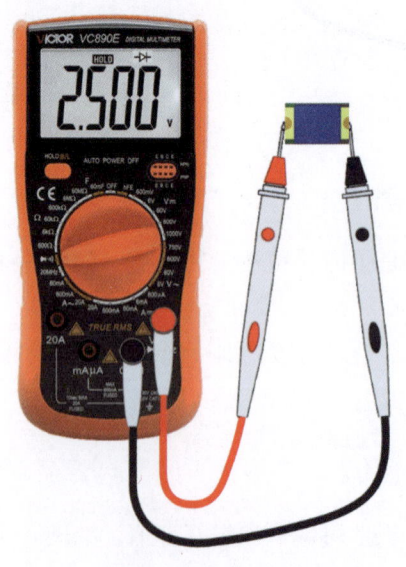

图 6-16　测量发光二极管的导通电压值

6.3 元件焊接技巧

6.3.1 贴片元件焊接方法

对于 2 个引脚的贴片元件，如贴片电阻、贴片电容、贴片晶振等，它们的焊接方法基本相同。下面以贴片电阻为例进行介绍，具体步骤如下。

（1）往一个焊盘上加锡，形成一个锡珠，如图 6-17 所示。

（2）用镊子夹住电阻靠紧锡珠，确保电阻有标识的一面朝上，使用烙铁头将锡珠熔化，将电阻一端的引脚轻轻推入熔化的锡珠中，然后移开烙铁头，待锡珠凝固后再放开镊子，以防元件移位，完成电阻一端引脚的焊接后，外观如图 6-18 所示。焊接时应注意控制好温度和焊接时间，避免对元件造成损伤。

（3）将锡丝放在电阻的另一个引脚与焊盘的连接处，用烙铁头将锡丝熔化，然后将熔化的锡加到焊盘上，加锡要快，焊点要饱满、光滑、无毛刺，焊接完成后，外观如图 6-19 所示。

图 6-17　贴片元件焊接步骤 1

图 6-18　贴片元件焊接步骤 2

图 6-19　贴片元件焊接步骤 3

（4）检查焊接质量，确保元件无漏焊或移位，保证焊点饱满、光滑，无虚焊、漏焊等现象；若发现问题，及时解决。图 6-20 展示了一些焊接不良示例。

图 6-20　焊接不良示例

贴片电阻焊接演示

6.3.2 发光二极管焊接方法

发光二极管是有极性的，焊盘的正负极可根据白色丝印判断，三角形箭头指向的焊盘为负极，元件有绿色标识的一端为负极，元件背面也有方向指示，焊接时元件背面的指示应对应元件丝印的标识，如图 6-21 所示。具体步骤如下。

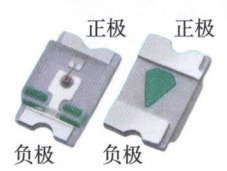
图 6-21　发光二极管正负极

（1）往一个焊盘上加锡，形成一个锡珠，如图6-22所示。

（2）用镊子夹住发光二极管靠紧锡珠，使用烙铁头将锡珠熔化，轻轻将发光二极管一端的引脚推入熔化的锡珠中，然后移开烙铁头，待锡珠凝固后再放开镊子，以防元件移位，完成一端引脚的焊接后，外观如图6-23所示。

（3）用与焊接贴片电阻同样的方法焊接另一端引脚，焊接后的外观如图6-24所示。焊接后，检查发光二极管的极性方向是否正确。

发光二极管
焊接演示

图6-22 发光二极管焊接步骤1

图6-23 发光二极管焊接步骤2

图6-24 发光二极管焊接步骤3

6.3.3 肖特基二极管焊接方法

肖特基二极管也有极性，极性判断方法与焊接发光二极管时的判断方法类似。肖特基二极管的正负极焊接方向如图6-25所示，元件上有线的一端为负极，应与元件丝印上的线对齐。具体步骤如下。

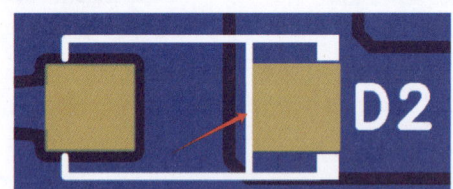
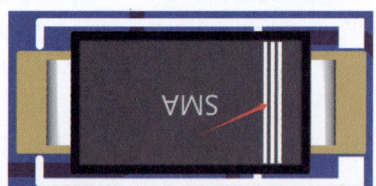

图6-25 肖特基二极管的正负极焊接方向

（1）往一个焊盘上加锡，形成一个锡珠，如图6-26所示。

（2）用镊子夹住肖特基二极管靠紧锡珠，使用烙铁头将锡珠熔化，轻轻将一端的引脚推入熔化的锡珠中，然后移开烙铁头，待锡珠凝固后再放开镊子，以防元件移位，完成一端引脚的焊接后，外观如图6-27所示。

（3）用与焊接贴片电阻同样的方法焊接另一端引脚，焊接后的外观如图6-28所示。焊接后，检查肖特基二极管的极性方向是否正确。

肖特基二极管
焊接演示

图6-26 肖特基二极管焊接步骤1

图6-27 肖特基二极管焊接步骤2

图6-28 肖特基二极管焊接步骤3

6.3.4 芯片焊接方法

具体步骤如下。

（1）往一个焊盘上加锡，形成一个锡珠，如图 6-29 所示。

（2）在放置芯片时，确保芯片上指示 1 号引脚的圆点与丝印的圆点对齐，而且芯片的引脚与焊盘一一对齐，这两点非常重要。CH340C 芯片的焊接方向如图 6-30 所示，元件上的原点对应 1 号引脚，与丝印的白色圆点对应。

图 6-29　芯片焊接步骤 1　　　图 6-30　CH340C 芯片的焊接方向

CH340C 芯片焊接演示

将上一步中形成的锡珠熔化，使该焊盘与对应的引脚连接，达到固定芯片的目的，如图 6-31 所示。

（3）往每个引脚上加锡，如图 6-32 所示。注意，相邻引脚之间不要桥连。

图 6-31　芯片焊接步骤 2　　　图 6-32　芯片焊接步骤 3

（4）清除多余的焊锡。清除多余的焊锡有两种方法：吸锡带吸锡法和电烙铁吸锡法。

① 吸锡带吸锡法：用镊子夹住吸锡带贴紧焊盘，把干净的烙铁头放在吸锡带上，待焊锡被吸入吸锡带中后，再将烙铁头和吸锡带同时撤离焊盘。如果吸锡带粘在了焊盘上，千万不要用力拉扯吸锡带，因为强行拉扯会导致焊盘脱落或将引脚扯歪。正确的处理方法是重新用烙铁头加热后，再轻拉吸锡带使其顺利脱离焊盘。

② 电烙铁吸锡法：在需要清除焊锡的焊盘上添加适量的松香，然后用干净的烙铁头把锡渣熔化，再将其一点点地吸附到烙铁头上，随后用耐热海绵把烙铁头上的锡渣擦拭干净，重复上述操作，直至把多余的焊锡清除干净。

焊接 GD32E230C8T6 芯片及清除多余焊锡的步骤与上述步骤类似。

GD32E230C8T6 芯片焊接演示

6.3.5　直插元件焊接方法

下面以焊接 Type-C 接口为例介绍如何焊接直插元件，具体步骤如下。

（1）将Type-C接口插入对应的位置，然后将电路板反过来放置，用烙铁头给其中一个焊盘加锡，起到固定元件的作用，如图6-33所示。

（2）再对其余引脚分别加锡，如图6-34所示。注意，相邻引脚之间不要形成桥连。

直插Type-C接口焊接演示

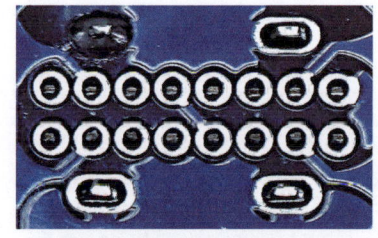

图6-33 直插元件焊接步骤1

图6-34 直插元件焊接步骤2

6.4 GD32E230核心板焊接步骤

准备好GD32E230核心板空板、焊接工具和材料、元件后，就可以开始焊接。

很多初学者在学习焊接时，常常拿到一块电路板就急着把所有的元件全部焊上去。由于在焊接过程中没有进行任何测试，最终通电后，电路板要么不工作，要么被烧坏，真正一次性焊接好并验证成功的很少，而且出了问题，初学者也不知道如何解决。

尽管GD32E230核心板电路不是很复杂，但是想要一次性焊接成功，还是有一定难度的。本节将GD32E230核心板的焊接分为5个步骤，每个步骤完成后都有严格的验证标准，出了问题可以快速找到问题。即使是从未接触过焊接的新手，也能迅速掌握焊接技能。

GD32E230核心板焊接的5个步骤如表6-2所示，每一步都列出了要焊接的元件，而且每一步焊接完成后，都有对应的验证标准。

表6-2 GD32E230核心板焊接步骤

步 骤	模 块	需要焊接的元件位号	合格标准
1	GD32E230C8T6芯片	U3	GD32E230C8T6芯片各引脚不能虚焊，各引脚间不能短路
2	USB电路、电源转换电路（5V转3.3V）、LED电路	USB1、R1、R2、D1、C1、U1、C2、C3、L1、C4、R3、R12、R13、PWR、LED1、LED2	5V、3.3V电源和GND相互之间不短路，通电后电源指示灯能正常点亮，电压测量正常
3	通信-下载电路、GD32微控制器电路	U2、C5、C6、R4、D2、R5、Q1、R6、R7、Q2、C11、C12、C13、L2、C14、C15、X1、C16、C17、R20、R21	GD32E230核心板能够正常下载程序，且下载完成并重新通电后，LED1和LED2交替闪烁，串口可以向计算机发送数据
4	蜂鸣器电路、独立按键电路、复位按键电路	D3、BUZZER1、Q3、R18、R19、R14、R15、R16、R17、C7、C8、C9、C10、SW1、SW2、SW3、RST	按RST按键可实现复位，按SW1、SW2、SW3按键，蜂鸣器都会响起
5	OLED显示屏接口电路、外扩引脚	R8、R9、R10、R11、H1、H2	OLED显示屏正常显示

6.4.1 焊接第1步

焊接第 1 步完成后的效果图如图 6-35 所示。

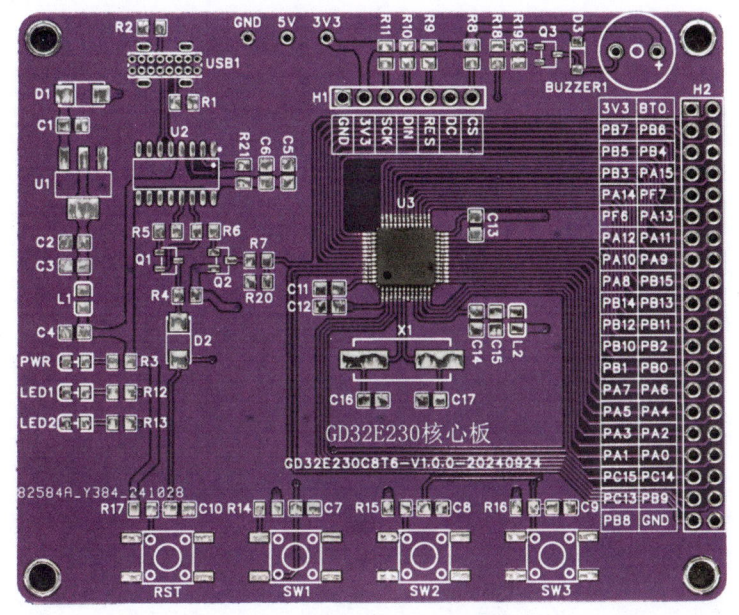

图 6-35 GD32E230 核心板焊接第 1 步

焊接说明：拿到 GD32E230 核心板空板后，首先要使用万用表测试 5V、3.3V 电源和 GND 之间有没有短路。检测确认无短路后，将准备好的 GD32E230C8T6 芯片焊接到丝印符号 U3 所指示的位置。注意，GD32E230C8T6 芯片的 1 号引脚务必与电路板上的 1 号引脚对应，切勿将芯片方向弄错。

验证方法：使用万用表检查 GD32E230C8T6 芯片各相邻引脚之间是否短路，芯片引脚与焊盘之间有没有虚焊。由于 GD32E230C8T6 芯片的绝大多数引脚都被引到了排针上，测试相邻引脚之间是否短路可以通过检测相对应的焊盘之间是否短路进行验证。引脚是否虚焊可以通过测试芯片引脚与对应的排针上的焊盘是否短路进行验证。这一步非常关键，尽管烦琐，但是绝不能疏忽。如果这一步没有达标，则无法进行后续焊接工作。

6.4.2 焊接第2步

焊接第 2 步完成后的效果图如图 6-36 所示。注意，Type-C 接口应焊接在电路板的正面。

焊接说明：每焊接完一个元件，都要用万用表检查是否有短路现象，即测试 5V、3.3V 电源和 GND 之间是否短路。此外，肖特基二极管（D1）和发光二极管（PWR、LED1、LED2）都是有极性的，切莫弄反。本书将电源模块电路的焊接放在第 2 步，是考虑到新手焊接 GD32E230C8T6 芯片有一定难度，若主控芯片没有焊接成功，即便电源模块焊接好了，电路板也不能正常工作。初学者熟练掌握焊接技巧后，再焊接其他电路板时应优先焊接电源部分。

验证方法：在通电之前，首先检查 5V、3.3V 电源和 GND 之间是否短路。确认没有短路后，再使用 Type-C 型连接线将其连接至计算机，对 GD32E230 核心板供电。供电后，使用万用表的电压挡检测 5V 和 3.3V 测试点的电压是否正常，此时 GD32E230 核心板的电源指示灯（PWR）应为蓝色点亮状态。

GD32E230 核心板
焊接第 2 步演示

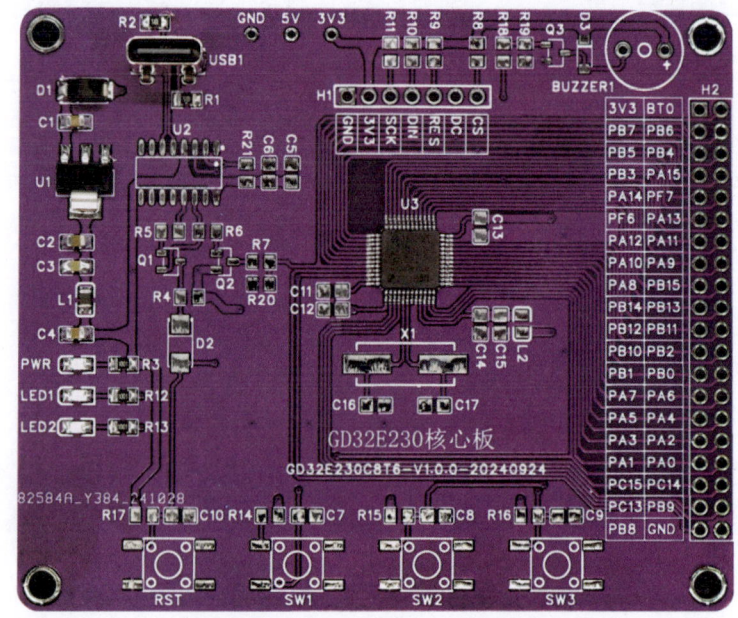

图 6-36　GD32E230 核心板焊接第 2 步

6.4.3　焊接第 3 步

焊接第 3 步完成后的效果图如图 6-37 所示。

GD32E230 核心板
焊接第 3 步演示

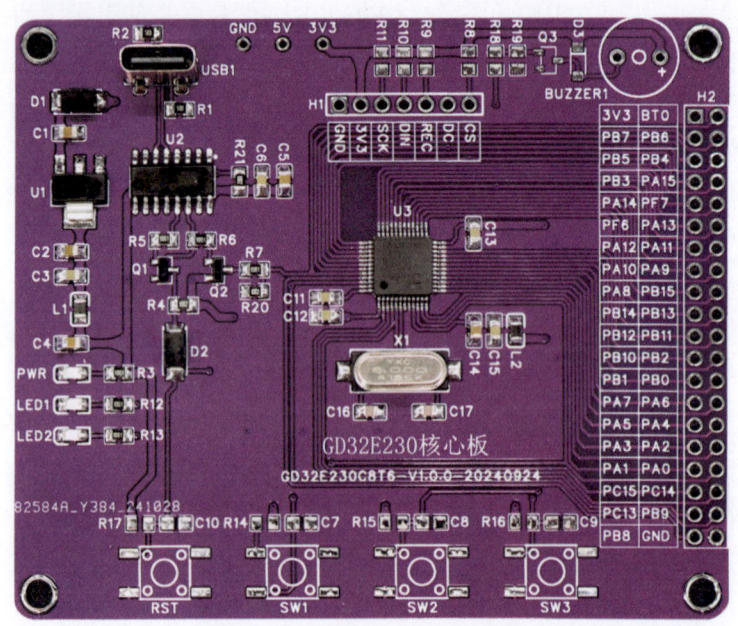

图 6-37　GD32E230 核心板焊接第 3 步

焊接说明：每焊接完一个元件，都要检查是否有短路现象。注意，CH340C 芯片不要弄错方向，Q1 和 Q2 处不要焊错元件。

验证方法：在通电之前，首先检查电路板是否短路。通电后，使用 GD32 下载工具软件（GigaDevice ISP Programmer）将 GD32KeilPrj.hex 下载到 GD32E230C8T6 芯片。若焊接成功，程序能正常下载，下载完成后，断电再重新上电，电路板上的 LED1 和 LED2 交替闪烁，串口能正常向计算机发送信息。

6.4.4 焊接第4步

焊接第 4 步完成后的效果图如图 6-38 所示。

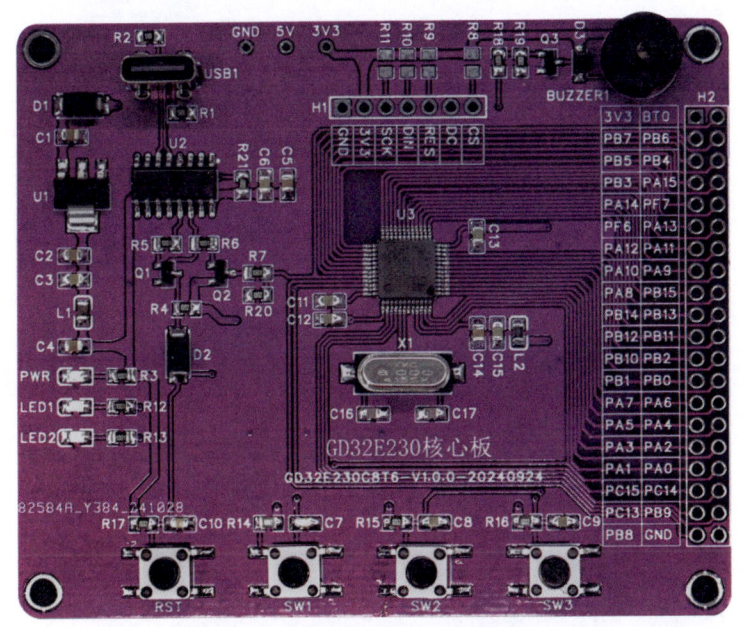

GD32E230 核心板
焊接第 4 步演示

图 6-38 GD32E230 核心板焊接第 4 步

焊接说明：每焊接完一个元件，都要检查是否有短路现象。要注意蜂鸣器的正、负极不要弄错方向，Q3 处不要焊错元件。

验证方法：在通电之前，首先检查电路板是否短路。若焊接成功，通电后，按 RST 按键可实现复位，程序重新运行，按 SW1、SW2、SW3 按键，蜂鸣器都会响起。

6.4.5 焊接第5步

焊接第 5 步完成后的效果图如图 6-39 所示。

焊接说明：每焊接完一个元件，都要检查是否有短路现象。

验证方法：在通电之前，检查电路板是否短路。若焊接成功，通电后，OLED 显示屏应能正常显示，如图 6-40 所示。

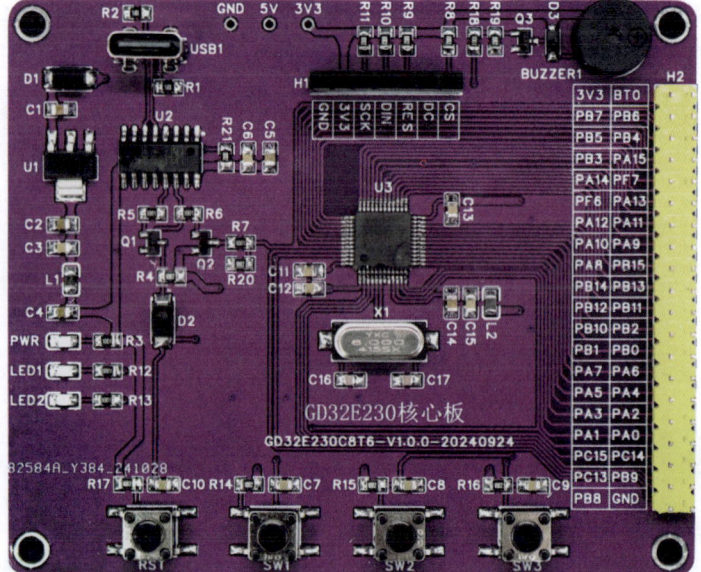

图 6-39　GD32E230 核心板焊接第 5 步

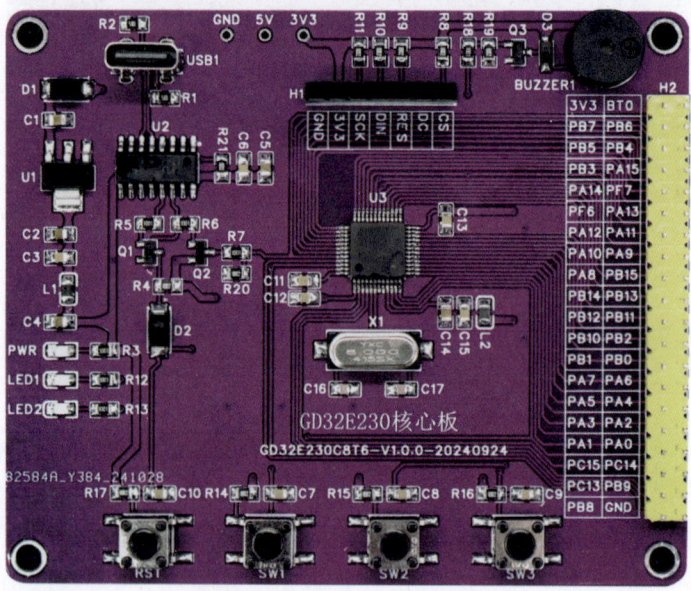

图 6-40　验证 OLED 显示屏功能

本章任务

学习完本章后，应能熟练使用焊接工具，且至少完成一块 GD32E230 核心板的焊接，并通过验证。

本章习题

1. 焊接电路板的工具有哪些？简述每种工具的功能。
2. 万用表是进行焊接和调试电路板的常用仪器，简述万用表的功能。

第 7 章

程序下载与验证

本章介绍 GD32E230 核心板的程序下载与验证方法，先将 GD32E230 核心板连接到计算机上，再通过软件向 GD32E230 核心板下载程序，观察 GD32E230 核心板的工作状态。

7.1 安装CH340驱动

在本书配套资料包的 Software 目录下找到"CH340 驱动（USB 串口驱动）_XP_WIN7 共用"文件夹，双击 SETUP.EXE，单击"安装"按钮，在弹出的 DriverSetup 对话框中单击"确定"按钮，即可完成安装，如图 7-1 所示。

驱动安装成功后，将 GD32E230 核心板通过 Type-C 型连接线连接到计算机，然后在计算机的"设备管理器"中找到 USB 串口，如图 7-2 所示。注意，串口号不一定是 COM3，每台计算机可能会有所不同。

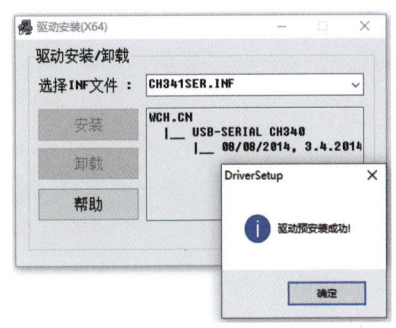

图 7-1 安装 CH340 驱动

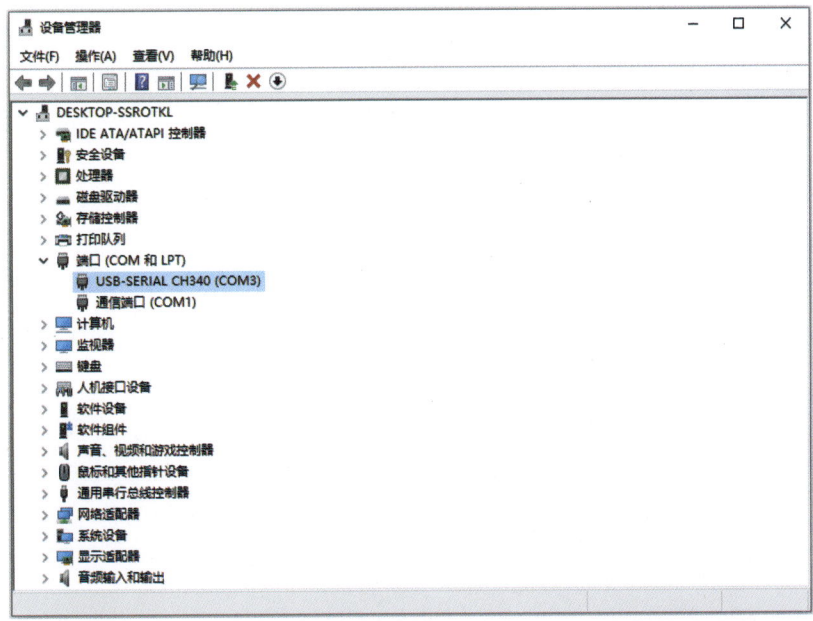

图 7-2 计算机的"设备管理器"中显示的 USB 串口信息

7.2 通过GigaDevice ISP Programmer下载程序

连接 GD32E230 核心板和计算机，然后在 Software 目录下找到并双击 GigaDevice ISP Programmer.exe 文件，在如图 7-3 所示的对话框中，将 Port Name 选为 COM3（在图 7-2 中查到的串口号），Baut Rate 选为 57600，Boot Switch 选为 Automatic，Boot Option 选为"RTS 高电平复位，DTR 高电平进 Bootloader"，最后单击 Next 按钮。

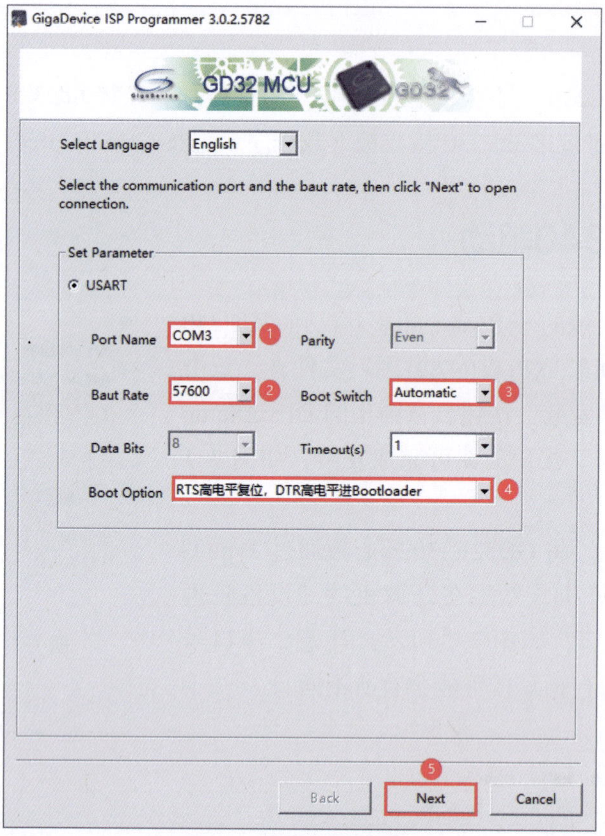

图 7-3 程序下载步骤 1

在弹出的如图 7-4 所示的对话框中，单击 Next 按钮。
在弹出的如图 7-5 所示的对话框中，单击 Next 按钮。
在如图 7-6 所示对话框中，选中 Download to Device 选项，并单击 OPEN 按钮。
在本书配套资料包中的 GD32KeilProject\HexFile 目录下，找到 GD32KeilPrj.hex 文件，单击 Open 按钮，如图 7-7 所示。
然后在如图 7-6 所示对话框中单击 Next 按钮，程序便开始下载，出现如图 7-8 所示界面则表示程序下载成功。

第 7 章 程序下载与验证

图 7-4 程序下载步骤 2

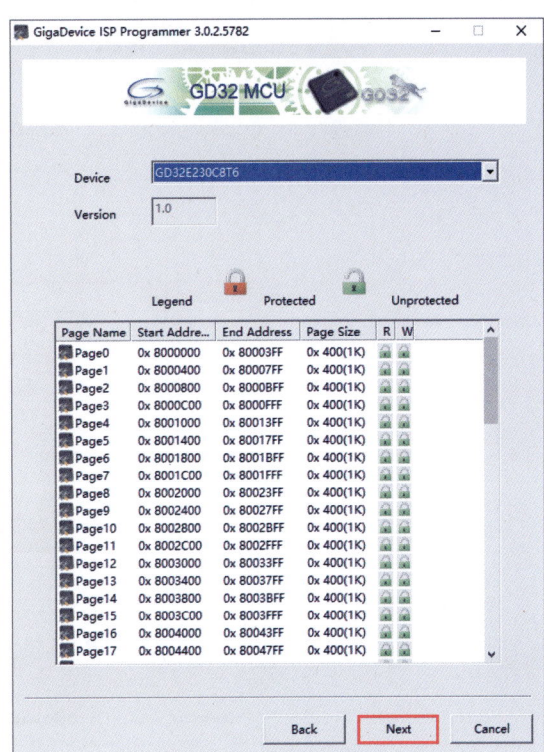

图 7-5 程序下载步骤 3

图 7-6 程序下载步骤 4

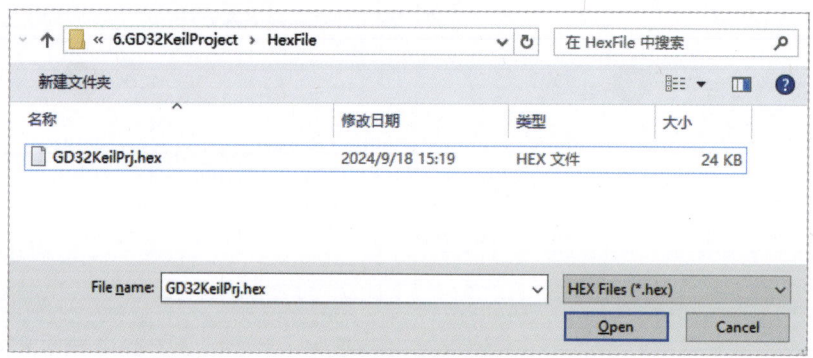

图 7-7　程序下载步骤 5

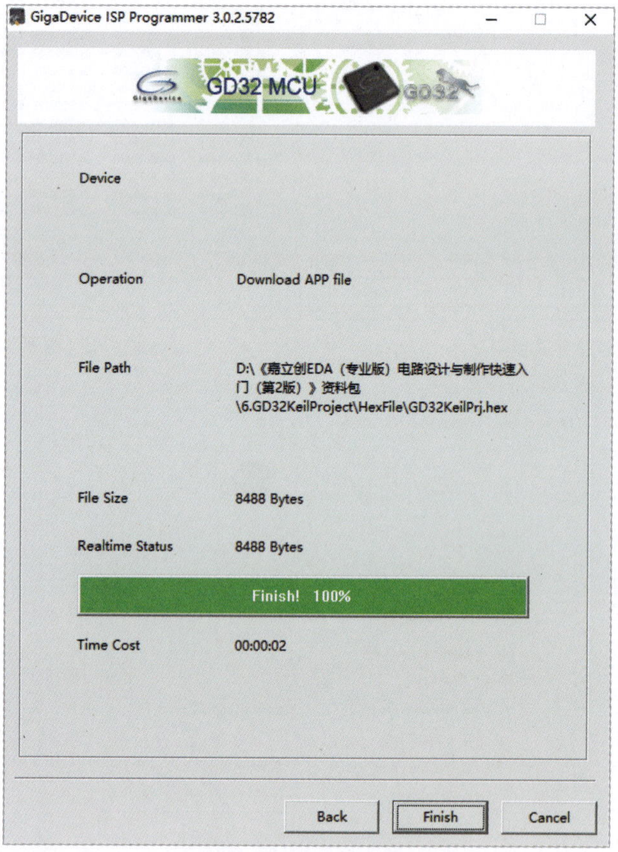

图 7-8　程序下载步骤 6

7.3　通过串口助手查看接收数据

在 Software 目录下找到并双击 sscom5.13.1.exe（串口助手软件），软件打开后的界面如图 7-9 所示。将"端口号"选为对应的串口号（COM3），将"波特率"选为"115200"，取消勾选"HEX 显示"项，然后单击"打开串口"按钮，当窗口中每隔 1s 显示一次"This is the first GD32E230 Project，by Zhangsan"时，表示程序验证成功。注意，在实验完成后，应先单击"关闭串口"按钮将串口关闭，再断开 GD32E230 核心板的电源。

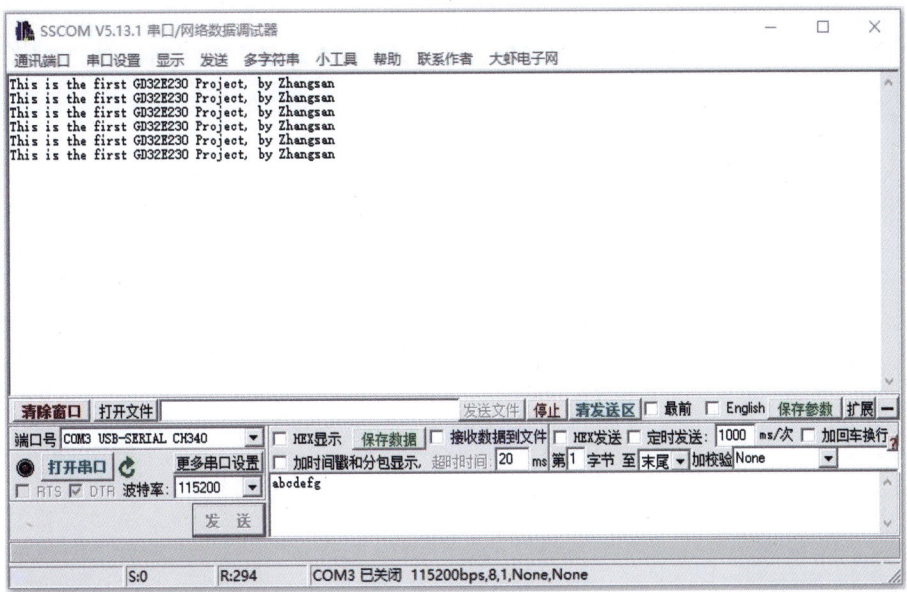

图 7-9 串口助手界面

本章任务

完成本章学习后，下载程序到 GD32E230 核心板并验证。

本章习题

1. 什么是串口驱动？为什么要安装串口驱动？
2. 通过查询网络资料，对串口编号进行修改。例如，串口编号默认是 COM1，将其改为 COM4，再完成一次程序下载与验证。

第 8 章

元件库

一名高效的硬件工程师通常会按照一定的标准和规范创建自己的元件库,这就相当于为自己量身打造了一款尖兵利器,这种统一和可重用的特点能够帮助工程师在进行硬件电路设计时提高效率。对企业而言,建立属于自己的元件库更为重要,在元件库的制作及使用方面制定严格的规范,既可以约束和管理硬件工程师,又能通过严控产品硬件设计规范来提升产品协同开发的效率。

可见,规范化的元件库对于硬件电路的设计开发非常重要。尽管嘉立创 EDA 已经提供了丰富的元件库资源,但考虑到元件种类众多和个性化的设计需求,有必要建立自己专属的既精简又实用的元件库。鉴于此,本章将以 GD32E230 核心板所使用的元件为例,重点介绍元件库的制作方法。元件库具体包括器件库、符号库、封装库三部分。

每个元件都有非常严格的标准,都与实际的某个品牌、型号一一对应,并且每个元件都有完整的元件信息(如名称、封装、编号、供应商、供应商编号、制造商、制造商编号)。这种按照严格标准制作的元件库会让设计变得简单、可靠、高效。学习完本章后,读者可参照本书提供的标准,或对其进行简单的修改,来制作自己的元件库。

8.1 器件库

器件库是一个包含了符号、封装、3D 模型和图片的库,包括系统的基础库、个人的器件库及团队的器件库。下面以线性稳压器 AMS1117-3.3 为例,介绍如何创建和编辑器件。在立创商城查询 AMS1117-3.3 芯片的数据手册,芯片引脚信息如图 8-1 所示,AMS1117-3.3 的封装为 SOT-223,从数据手册中可得到 SOT-223 的封装信息,如图 8-2 所示。

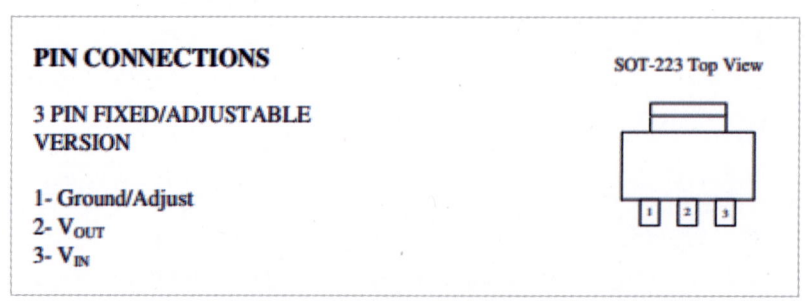

图 8-1　AMS1117-3.3 引脚信息

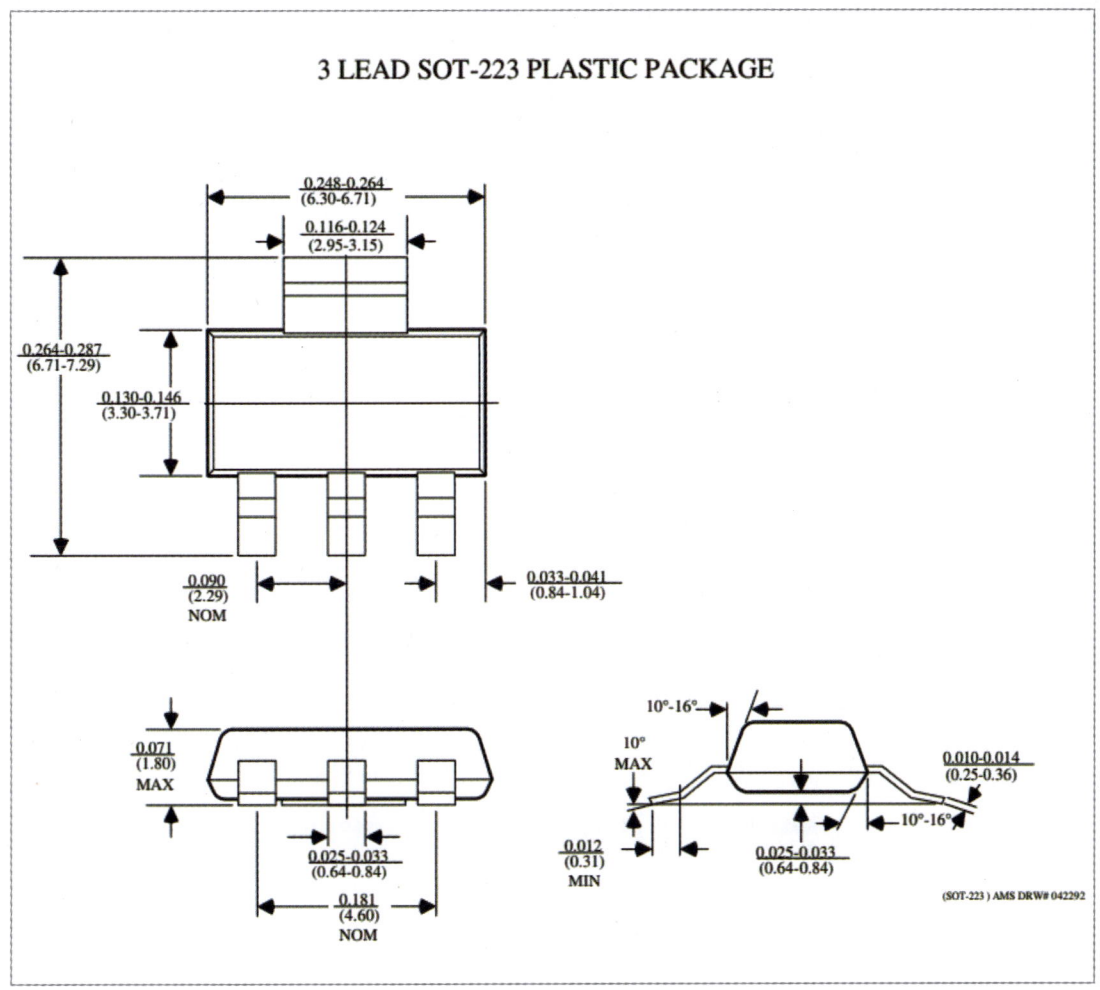

图 8-2 SOT-223 封装信息

在专业模式下新建器件，需要先设置专业模式。执行菜单栏命令"设置"→"系统"→"通用"，如图 8-3 所示，打开"设置"对话框。

图 8-3 设置专业模式步骤 1

在"设置"对话框中，将"符号库管理"设为"专业模式（支持符号复用）"，将"新建库弹窗"设为"完整"，如图 8-4 所示，然后单击"确认"按钮，即可完成专业模式的设置。

图 8-4 设置专业模式步骤 2

接着,执行菜单栏命令"文件"→"新建"→"元件",如图 8-5 所示。

图 8-5 新建元件

在"新建器件"对话框中的"器件"一栏输入"AMS1117-3.3",如图 8-6 所示。

随后进行器件分类。单击"分类"右侧的浏览按钮,在弹出的"分类"对话框中单击"管理分类"按钮,如图 8-7 所示。在弹出的"设置"对话框中,单击➕按钮,参考立创商城中对 AMS1117-3.3 芯片的分类,新增分类"线性稳压器(LDO)",如图 8-8 所示,单击"确认"按钮。然后,选择"线性稳压器(LDO)"分类,如图 8-9 所示,单击"确认"按钮,即可完成器件分类。

第 8 章 元件库

图 8-6 填写器件名称

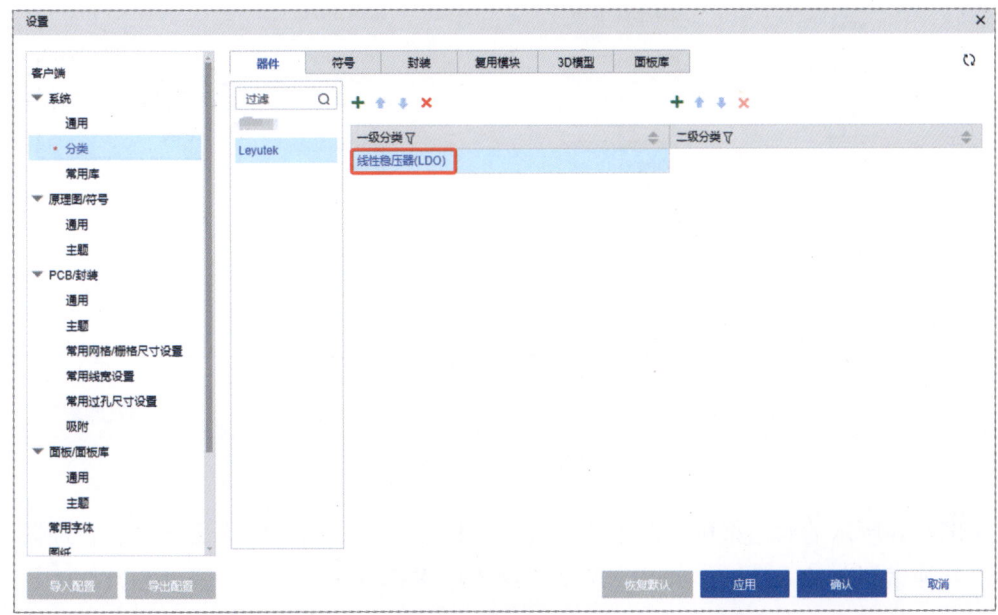

图 8-7 器件分类步骤 1

图 8-8 器件分类步骤 2

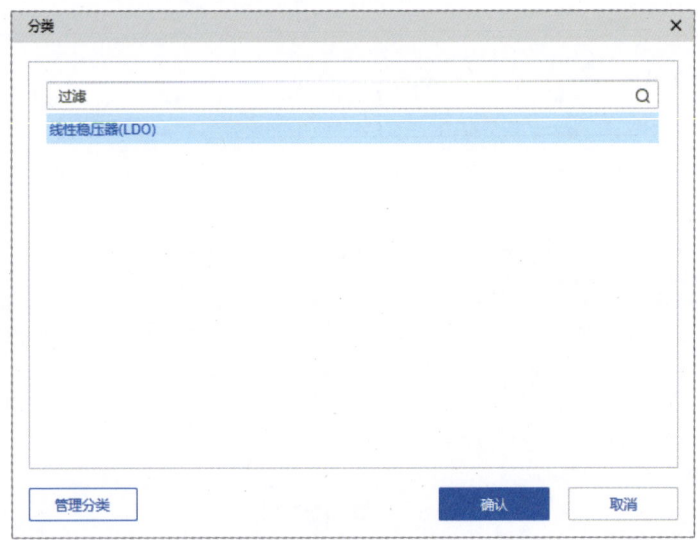

图 8-9 器件分类步骤 3

在图 8-6 所示的对话框中,将符号第一行的选项选为"关联已有符号",系统会弹出"添加/更新符号"对话框。在搜索栏中输入"AMS1117-3.3",将系统库中进行搜索。然后在搜索结果中进行筛选,单击 AMS1117-3.3,右侧区域将显示符号的形态,如图 8-10 所示。最后单击"确认"按钮,即可添加符号。

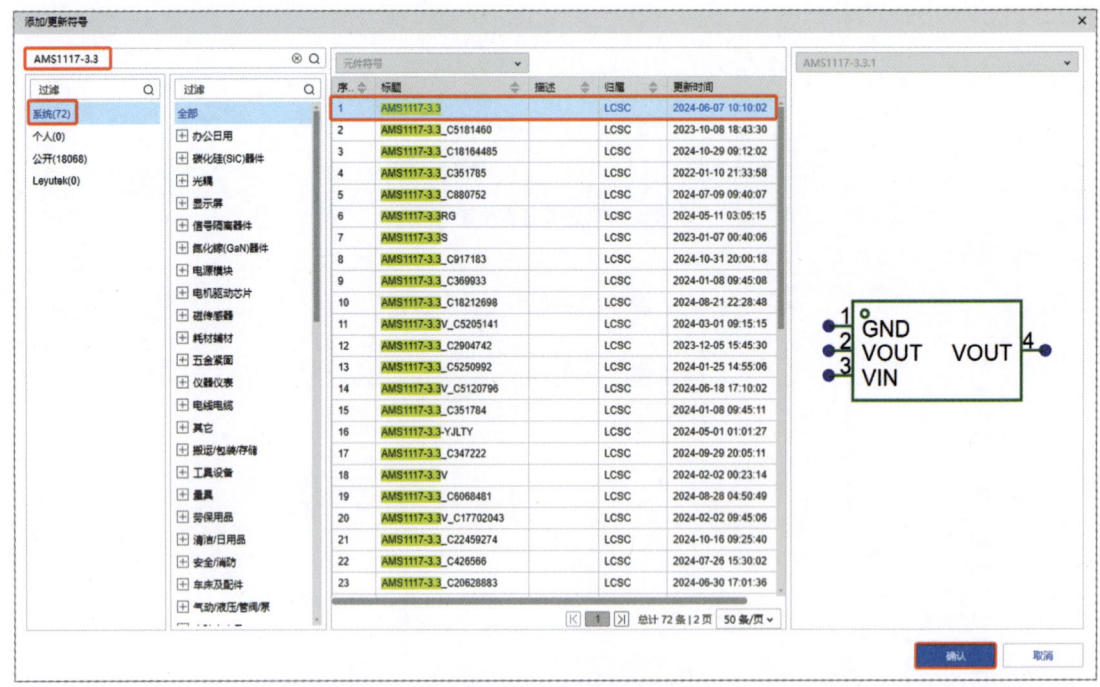

图 8-10 添加符号

在图 8-6 所示的对话框中,单击"封装"右侧的浏览按钮,将弹出"封装管理器"对话框。在搜索栏中输入"SOT-223",将从系统库中进行搜索。然后,根据 SOT-223 封装信息在搜索结果中进行筛选，单击 SOT-223-3_L6.5-W3.4-P2.30-LS7.0-BR，右侧区域将显示封装的形态，如图 8-11 所示。最后单击"确认"按钮，即可添加封装。注意，选择封装时要非常慎重，应将所选封装的尺寸与数据手册中封装的尺寸进行对比，尺寸过大或过小都会导致元件实物无法焊接在 PCB 上。

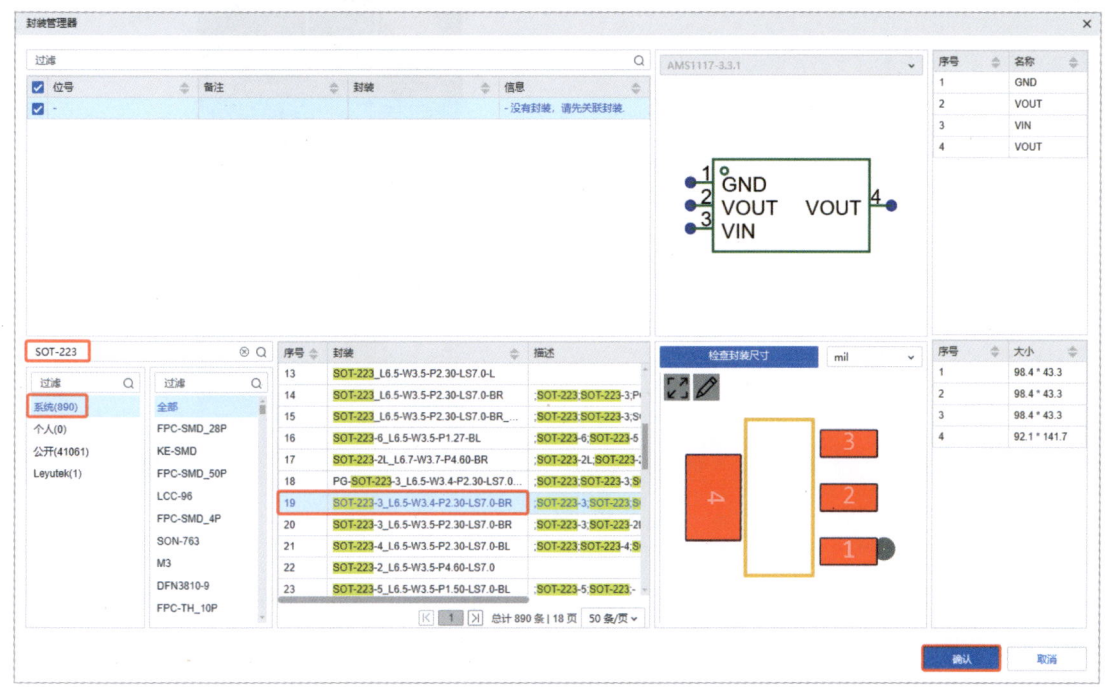

图 8-11 添加封装

封装名称 SOT-223-3_L6.5-W3.4-P2.30-LS7.0-BR 的具体含义如下：封装类型为 SOT-223；器件的实际信号引脚数为 3（注意，AMS1117-3.3 的 4 号引脚与 2 号引脚连通，从实际信号的角度看为同一个引脚）；器件长度为 6.5mm；宽度为 3.4mm；两个引脚的中心间距为 2.3mm；LS7.0 表示封装左右两排引脚两端的跨距为 7.0mm；BR 意为封装的 1 号引脚在原点的右下方。其封装尺寸可参见图 8-12。想要了解更多关于嘉立创 EDA 封装的命名规则，可以在网上搜索资料"嘉立创 EDA 封装库命名参考规范"。

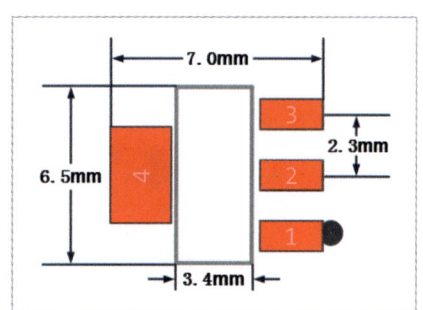

图 8-12 SOT-223-3 封装尺寸

在图 8-6 所示的对话框中，单击"3D 模型"右侧的浏览按钮，将弹出"3D 模型管理器"对话框。"3D 模型管理器"会自动在搜索栏中输入封装名称，单击 按钮，即可从系统库中进行搜索。在搜索结果中筛选出合适的 3D 模型，右侧区域将显示所选的 3D 模型，如图 8-13 所示。若 3D 模型的引脚与封装引脚不一致，可以通过右侧的"校准"面板进行调整。最后单击"确认"按钮，即可添加 3D 模型。

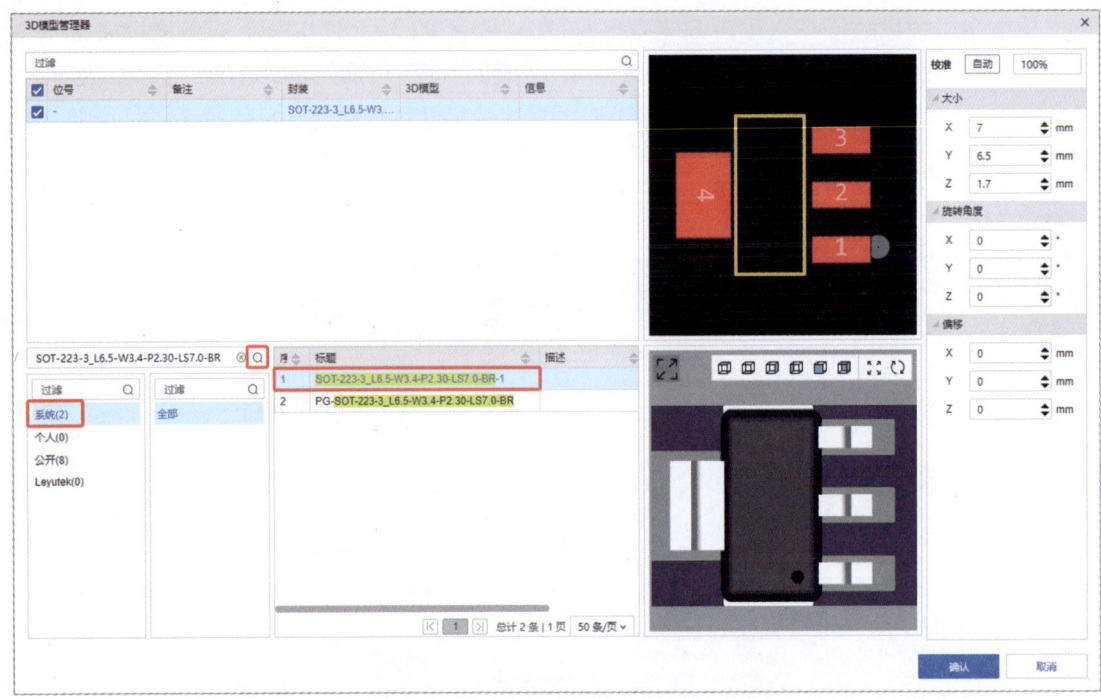

图 8-13 添加 3D 模型

在图 8-6 所示的对话框中，单击"图片"右侧的浏览按钮，将弹出"上传图片"对话框，选择图片，然后单击"上传"按钮，如图 8-14 所示。待图片上传完成后，单击"确认"按钮，即可添加图片。注意，图片需提前保存在计算机中。

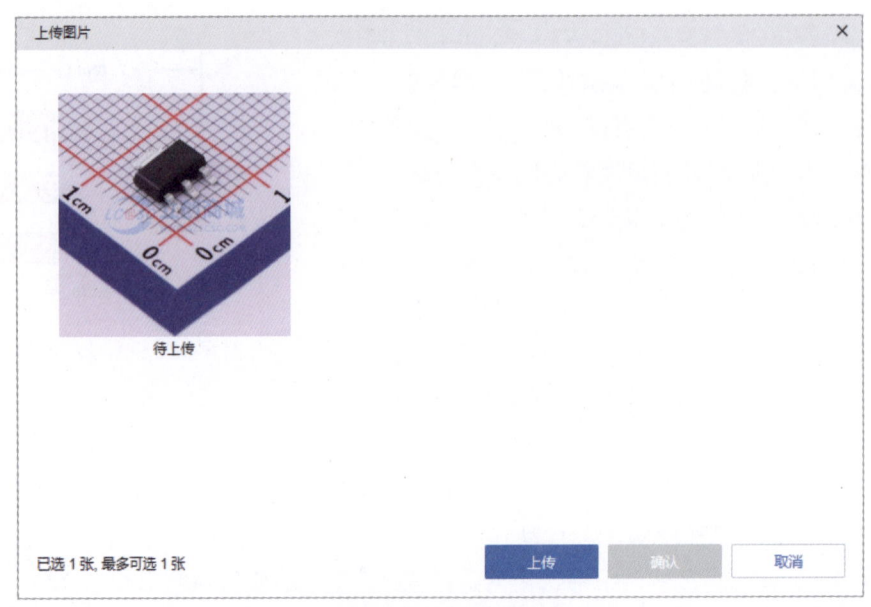

图 8-14 添加图片

返回图 8-6 所示的对话框中，在"描述"文本框中，可以根据实际需要添加对器件的描述。

在"新建器件"对话框的"属性"面板中,可以添加供应商、供应商编号等信息,如图 8-15 所示。属性信息可以从立创商城获取。最后,单击"确认"按钮,即可完成新建器件的操作。

图 8-15 添加属性

在个人库中搜索 AMS1117-3.3,即可查看新建的器件,如图 8-16 所示。注意,在上述步骤中,新建器件 AMS1117-3.3 所使用的符号和封装均来自系统库,当读者掌握了如何新建符号和封装后,也可以使用自己制作的符号和封装。

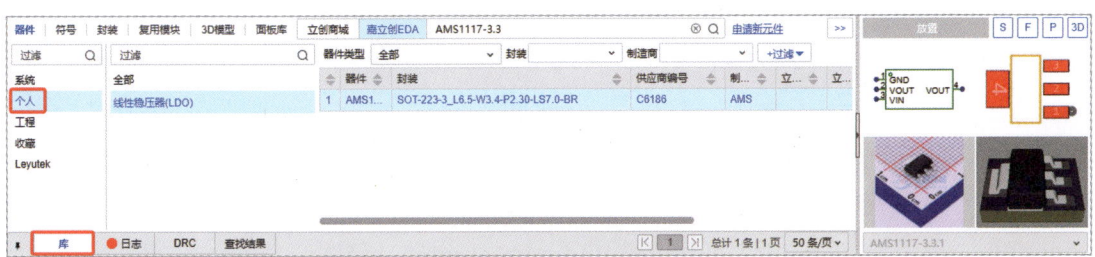

图 8-16 查看新建的器件

下面介绍如何对已有的器件进行编辑修改。以器件 AMS1117-3.3 为例,在个人库中选中器件 AMS1117-3.3,然后单击右键,在快捷菜单中选择"编辑器件"命令,如图 8-17 所示。在弹出的"编辑器件"对话框中,可以编辑需要修改的内容。"编辑器件"对话框的内容与"新建器件"对话框相同。

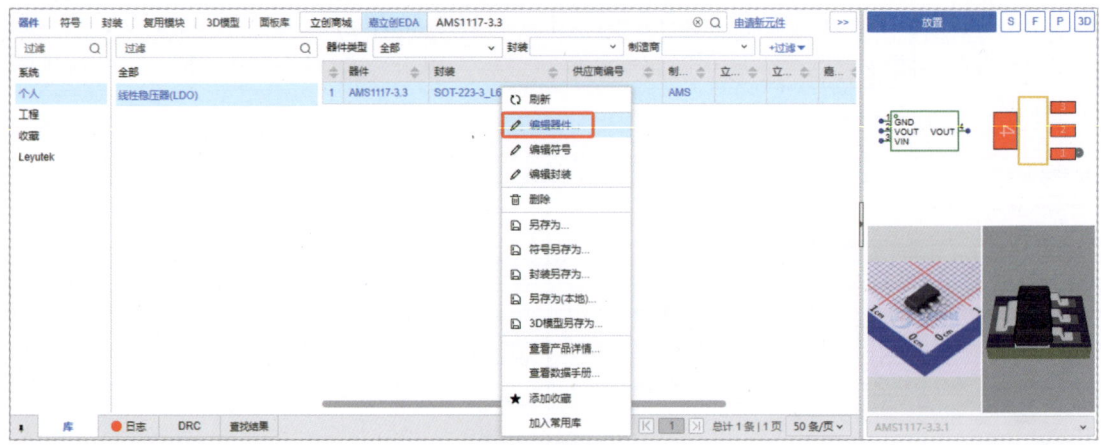

图 8-17 编辑器件

8.2 符号库

符号库由一系列元件的图形符号组成。嘉立创 EDA 提供了大量的元件原理图符号，用户既可以基于软件提供的符号库建立个人的符号库，也可以通过新建符号的方法来建立符号库，还可使用符号向导建立符号库。

8.2.1 新建符号

下面以电阻符号为例，介绍如何新建符号。执行菜单栏命令"文件"→"新建"→"符号"新建符号，如图 8-18 所示。

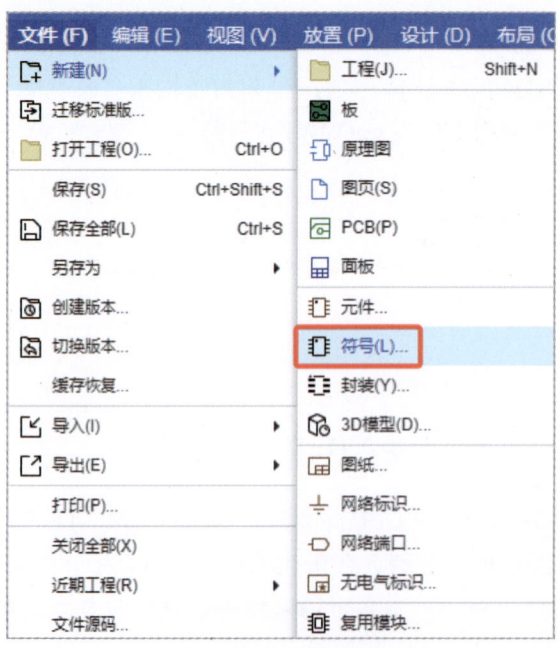

图 8-18 新建符号步骤 1

在"新建符号"对话框中,在"符号"一栏右侧的文本框中输入"电阻",并在"分类"栏中选择"电阻"。最后单击"保存"按钮,如图 8-19 所示。

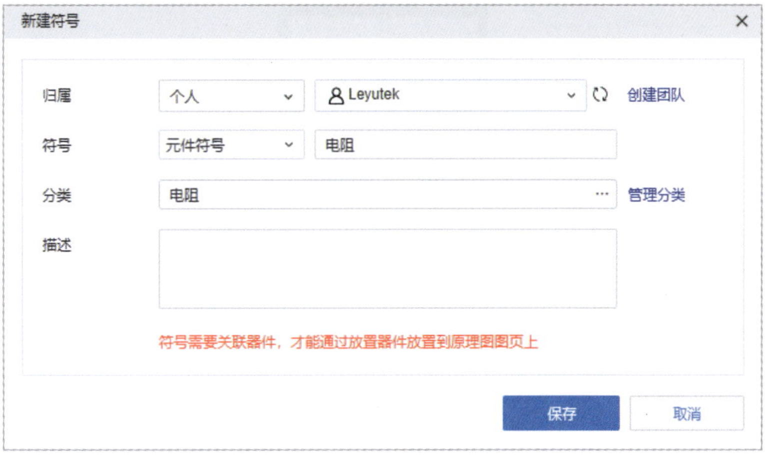

图 8-19 新建符号步骤 2

在符号设计环境中,首先在菜单栏中设置网格尺寸为 0.05inch,然后单击 / 或 □ 按钮,绘制如图 8-20 所示的边框图形。

单击菜单栏中的 ⊶ 按钮,放置电阻原理图符号的引脚,如图 8-21 所示。引脚的端点应朝外,因为它们是用于连接导线的连接点。放置引脚时,按空格键可以旋转引脚方向。

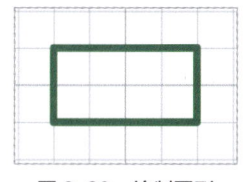

图 8-20 绘制图形

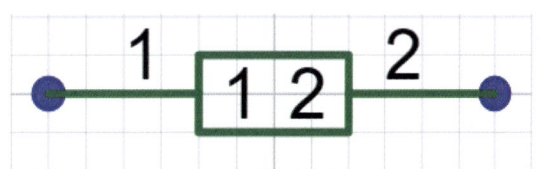

图 8-21 放置引脚

单击选中 1 号引脚,在"属性"标签页中设置引脚属性,如图 8-22 所示,将"引脚名称"设为 1,取消勾选"引脚名称"右侧的复选框,取消勾选"引脚编号"右侧的复选框,将"长度"设为 0.1inch。

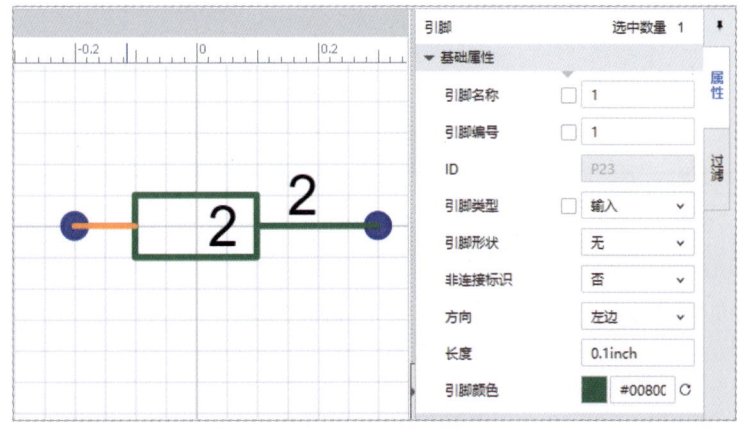

图 8-22 设置引脚属性

以同样的方法编辑 2 号引脚的属性，最后电阻符号如图 8-23 所示。

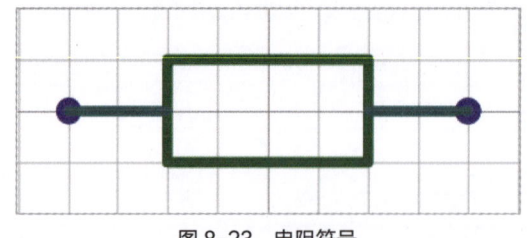

图 8-23 电阻符号

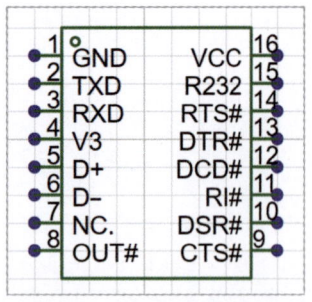

图 8-24 CH340C 芯片的符号

8.2.2 使用符号向导创建符号

本节以 CH340C 芯片为例，介绍如何使用符号向导快速创建符号。CH340C 芯片的符号如图 8-24 所示。

首先，在"新建符号"对话框中，在"符号"一栏右侧的文本框中输入"CH340C"，将"分类"选为"USB 转换芯片"，如图 8-25 所示。

图 8-25 "新建符号"对话框

查看 CH340C 芯片数据手册中的引脚信息，在符号设计环境左侧的"向导"标签页中，将"类型"选为 DIP，"原点"选为"中间"，左右两边的引脚数都设置为 8，设置"引脚间距"为 0.1inch，"引脚长度"为 0.1inch，"引脚编号方向"为"逆时针圆"，如图 8-26 所示。设置完成后，单击"生成符号"按钮。

生成的符号如图 8-27 所示，此时还需设置引脚的具体名称。

第8章 元件库 131

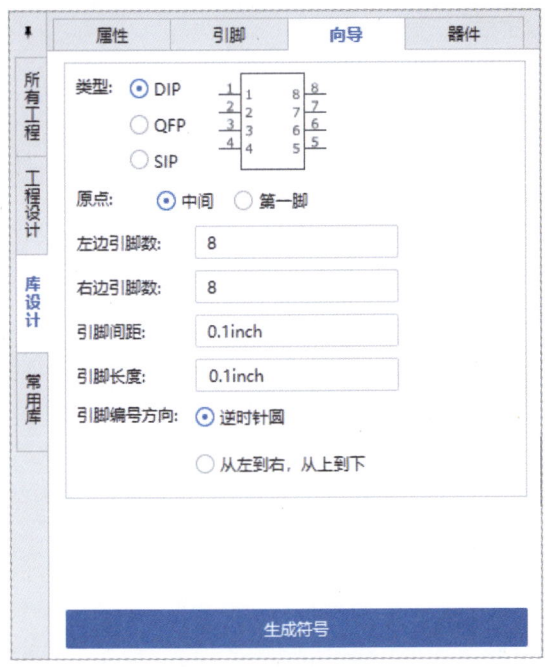

图 8-26 符号向导

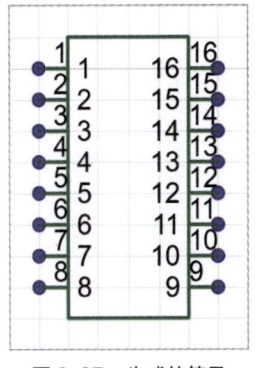

图 8-27 生成的符号

根据数据手册中的引脚信息,在"引脚"标签页中输入各引脚名称,如图 8-28 所示。所有引脚名称输入完毕后,调整边框,使 CH340C 芯片的符号呈现如图 8-24 所示的形式,并保存该符号。

编号	名称	类型	方向	引脚形…	部件
9	CTS#	输入	右边	无	CH340C.1
10	DSR#	输入	右边	无	CH340C.1
11	RI#	输入	右边	无	CH340C.1
12	DCD#	输入	右边	无	CH340C.1
13	DTR#	输入	右边	无	CH340C.1
14	RTS#	输入	右边	无	CH340C.1
15	R232	输入	右边	无	CH340C.1
16	VCC	输入	右边	无	CH340C.1
8	OUT#	输入	左边	无	CH340C.1
7	NC.	输入	左边	无	CH340C.1
6	D-	输入	左边	无	CH340C.1
5	D+	输入	左边	无	CH340C.1
4	V3	输入	左边	无	CH340C.1
3	RXD	输入	左边	无	CH340C.1
2	TXD	输入	左边	无	CH340C.1
1	GND	输入	左边	无	CH340C.1

图 8-28 设置引脚名称

8.2.3 使用高级符号向导创建符号

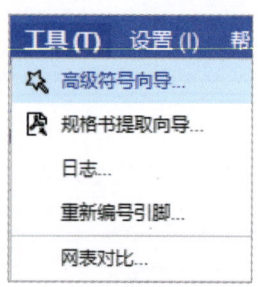

图 8-29 高级符号向导

本节以 GD32E230C8T6 芯片的符号为例，介绍如何使用高级符号向导创建符号。高级符号向导用于快速创建 IC 类型芯片的符号，用户只需要在模板中填写相应的数据，系统即可根据所填写的数据自动生成符号。

首先，在符号设计环境中，执行菜单栏命令"工具"→"高级符号向导"，如图 8-29 所示。

然后，在"高级符号向导"对话框中，单击"导出"按钮即可导出模板，如图 8-30 所示。

图 8-30 导出模板

打开模板，如图 8-31 所示。其中，Part 表示符号的子库图页；Pin Number 为引脚的编号；Pin Name 为引脚的名称；Side 为引脚的方向（L 代表左边，T 代表上边，R 代表右边，B 代表下边）；Order 用于确定引脚在不同方向的位置关系；Pin Type 用于设置引脚类型（IN 代表输入，OUT 代表输出）；Pin Shape 表示引脚的形状。

Part	Pin Number	Pin Name	Side	Order	Pin Type	Pin Shape
GD32E230C8T6.1	1	1	L	1	IN	None
GD32E230C8T6.1	2	2	L	2	IN	None
GD32E230C8T6.1	3	3	R	1	IN	None
GD32E230C8T6.1	4	4	R	2	IN	None

图 8-31 模板

GD32E230C8T6 芯片符号的引脚的方向可分为左边和右边两种，1～24 号引脚在左边，25～48 号引脚在右边，相应地在各引脚的 Side 栏中输入 L 或 R；在 Pin Number 栏中输入各引脚的编号；在 Pin Name 栏中输入 GD32E230C8T6 芯片各引脚的名称；在 Pin Type 栏中统一输入 IN，这是因为引脚的类型不会对封装有影响，当然，也可以根据芯片的数据手册输入引脚类型；在 Pin Shape 栏中统一输入 None。最终填写模板如表 8-1 所示。

表8-1 填写模板

Part	Pin Number	Pin Name	Side	Order	Pin Type	Pin Shape
GD32E230C8T6.1	1	VDD	L	1	IN	None
GD32E230C8T6.1	2	PC13	L	2	IN	None
GD32E230C8T6.1	3	PC14-OSC32IN	L	3	IN	None
GD32E230C8T6.1	4	PC15-OSC32OUT	L	4	IN	None
GD32E230C8T6.1	5	PF0-OSCIN	L	5	IN	None
GD32E230C8T6.1	6	PF1-OSCOUT	L	6	IN	None
GD32E230C8T6.1	7	NRST	L	7	IN	None
GD32E230C8T6.1	8	VSSA	L	8	IN	None
GD32E230C8T6.1	9	VDDA	L	9	IN	None
GD32E230C8T6.1	10	PA0	L	10	IN	None
GD32E230C8T6.1	11	PA1	L	11	IN	None
GD32E230C8T6.1	12	PA2	L	12	IN	None
GD32E230C8T6.1	13	PA3	L	13	IN	None
GD32E230C8T6.1	14	PA4	L	14	IN	None
GD32E230C8T6.1	15	PA5	L	15	IN	None
GD32E230C8T6.1	16	PA6	L	16	IN	None
GD32E230C8T6.1	17	PA7	L	17	IN	None
GD32E230C8T6.1	18	PB0	L	18	IN	None
GD32E230C8T6.1	19	PB1	L	19	IN	None
GD32E230C8T6.1	20	PB2	L	20	IN	None
GD32E230C8T6.1	21	PB10	L	21	IN	None
GD32E230C8T6.1	22	PB11	L	22	IN	None
GD32E230C8T6.1	23	VSS	L	23	IN	None
GD32E230C8T6.1	24	VDD	L	24	IN	None
GD32E230C8T6.1	25	PB12	R	1	IN	None
GD32E230C8T6.1	26	PB13	R	2	IN	None
GD32E230C8T6.1	27	PB14	R	3	IN	None
GD32E230C8T6.1	28	PB15	R	4	IN	None
GD32E230C8T6.1	29	PA8	R	5	IN	None
GD32E230C8T6.1	30	PA9	R	6	IN	None

续表

Part	Pin Number	Pin Name	Side	Order	Pin Type	Pin Shape
GD32E230C8T6.1	31	PA10	R	7	IN	None
GD32E230C8T6.1	32	PA11	R	8	IN	None
GD32E230C8T6.1	33	PA12	R	9	IN	None
GD32E230C8T6.1	34	PA13	R	10	IN	None
GD32E230C8T6.1	35	PF6	R	11	IN	None
GD32E230C8T6.1	36	PF7	R	12	IN	None
GD32E230C8T6.1	37	PA14	R	13	IN	None
GD32E230C8T6.1	38	PA15	R	14	IN	None
GD32E230C8T6.1	39	PB3	R	15	IN	None
GD32E230C8T6.1	40	PB4	R	16	IN	None
GD32E230C8T6.1	41	PB5	R	17	IN	None
GD32E230C8T6.1	42	PB6	R	18	IN	None
GD32E230C8T6.1	43	PB7	R	19	IN	None
GD32E230C8T6.1	44	BOOT0	R	20	IN	None
GD32E230C8T6.1	45	PB8	R	21	IN	None
GD32E230C8T6.1	46	PB9	R	22	IN	None
GD32E230C8T6.1	47	VSS	R	23	IN	None
GD32E230C8T6.1	48	VDD	R	24	IN	None

然后，在"高级符号向导"对话框中导入数据，如图8-32所示。也可以复制数据，并将其粘贴在文本框内。最后单击"确认"按钮，完成数据导入。

图 8-32 导入数据

使用"高级符号向导"创建的 GD32E230C8T6 芯片符号如图 8-33 所示，保存符号即可完成创建。

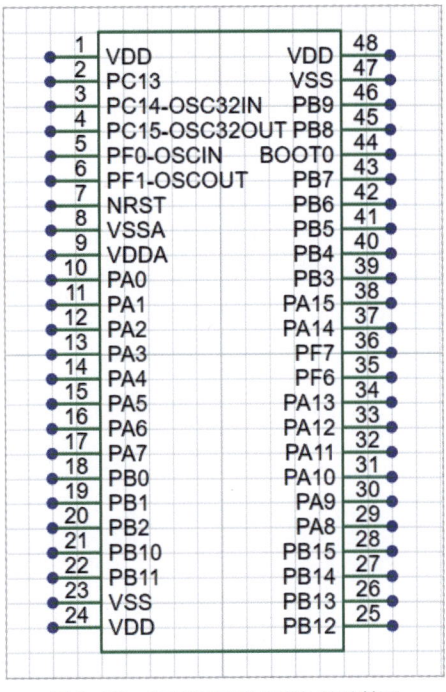

图 8-33 GD32E230C8T6 芯片符号

8.3 封装库

封装库由一系列元件的封装组成。封装就是用图形的方式把元件的各种参数（如大小、长宽、引脚的间距等）表现出来。

封装在 PCB 上通常表现为一组焊盘、丝印层上的外框及说明文字。焊盘是封装中最重要的组成部分之一，用于连接元件的引脚。丝印层上的外框和说明文字起指示作用，指明 PCB 封装所对应的芯片，方便进行焊接。尽管嘉立创 EDA 提供了大量的封装，但在电路板设计过程中，仍有很多封装无法在库里找到，或者现有的封装未必符合设计者的需求。因此，设计者有必要掌握封装设计的技能，并能够建立个人的封装库。

1. 新建封装

下面以电阻 R0603 的封装为例，介绍如何新建封装。执行菜单栏命令"文件"→"新建"→"封装"，如图 8-34 所示。

在"新建封装"对话框中，将"封装"命名为"R0603"，"分类"选为"贴片电阻"，如图 8-35 所示，然后单击"保存"按钮。

图 8-34　新建封装步骤 1

图 8-35　新建封装步骤 2

R0603 电阻只有两个引脚，封装形式简单，封装的命名"R0603"分为两部分，其中 R 代表 Resistance（电阻），0603 代表封装的尺寸为 60mil×30mil。R0603 电阻的封装尺寸图和规格如图 8-36 和表 8-2 所示。

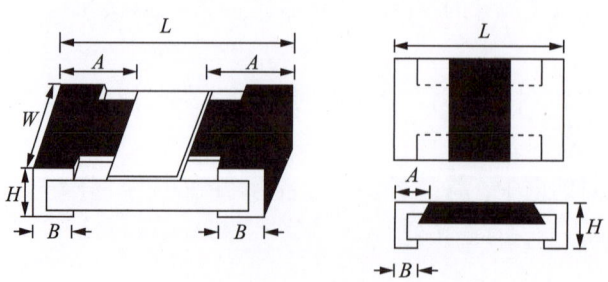

图 8-36　R0603 电阻的封装尺寸图

表8-2　R0603电阻的规格

型号	70℃功率	尺寸/mm					阻值范围			
		L	W	H	A	B	0.5%误差	1.0%误差	2.0%误差	5.0%误差
01005	1/32W	0.40±0.02	0.20±0.02	0.13±0.02	0.10±0.05	0.10±0.03	—	10Ω~10MΩ	10Ω~10MΩ	10Ω~10MΩ
0201	1/20W	0.60±0.03	0.30±0.03	0.23±0.03	0.10±0.05	0.15±0.05	—	1Ω~10MΩ	1Ω~10MΩ	1Ω~10MΩ
0402	1/16W	1.00±0.10	0.50±0.05	0.35±0.05	0.20±0.10	0.25±0.10	1Ω~10MΩ	0.2Ω~22MΩ	0.2Ω~22MΩ	0.2Ω~22MΩ
0603	1/10W	1.60±0.10	0.80±0.10	0.45±0.10	0.30±0.20	0.30±0.20	1Ω~10MΩ	0.1Ω~33MΩ	0.1Ω~33MΩ	0.1Ω~100MΩ
0805	1/8W	2.00±0.15	1.15~1.40	0.55±0.10	0.55±0.20	0.40±0.20	1Ω~10MΩ	0.1Ω~33MΩ	0.1Ω~10MΩ	0.1Ω~100MΩ

下面介绍如何制作R0603电阻的封装。

2. 添加焊盘

首先，在菜单栏中将单位设为mm，然后单击 ◉ 按钮，或执行菜单栏命令"放置"→"焊盘"→"单焊盘"，然后在画布上单击放置焊盘，如图8-37所示。

单击焊盘1，在"属性"标签页中将"图层"设为"顶层"，"形状"设为"矩形"，"宽"设为1mm，"高"设为1.1mm，焊盘1坐标设为（-0.7mm，0mm），如图8-38所示。注意，绘制封装时，建议将焊盘设置得比元件实际引脚面积稍大一些，方便焊接。

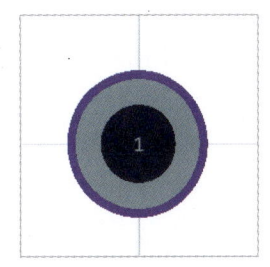

图8-37　放置R0603封装焊盘1

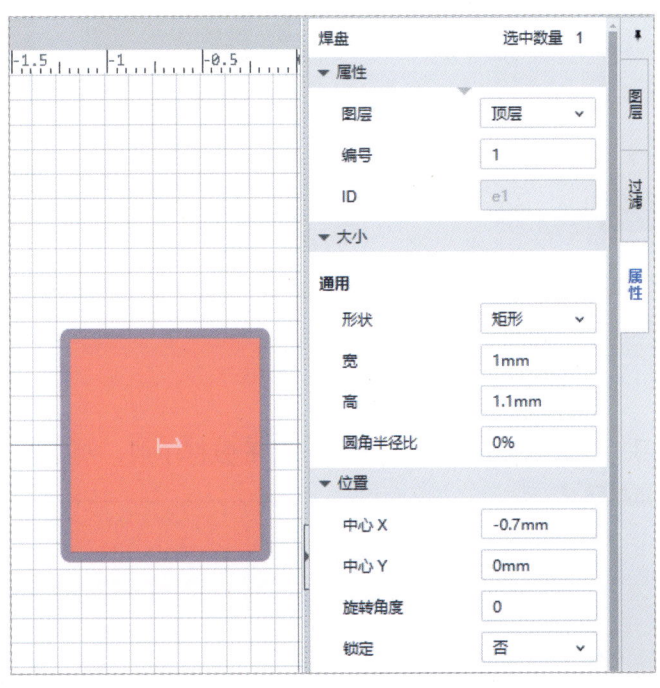

图8-38　设置R0603封装焊盘1属性

可以采用复制、粘贴的方式添加 R0603 封装的焊盘 2。单击焊盘 1，按快捷键"Ctrl+C"，再按快捷键"Ctrl+V"，单击原点即可将焊盘 2 放置在画布上。随后，在"属性"标签页中将新放置的焊盘的"编号"修改为 2，将坐标设为（0.7mm，0mm）。R0603 封装焊盘放置完成后如图 8-39 所示。

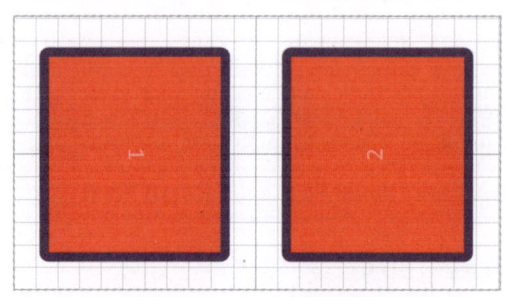

图 8-39　R0603 封装焊盘

3. 添加丝印

放置完焊盘后，需要添加丝印，用于标示元件外形及元件在电路板上的位置。首先在"图层"标签页中选择"顶层丝印层"。单击菜单栏中的 ╱ 按钮，然后按 Tab 键，设置线宽为 0.2mm，单击"确认"按钮，如图 8-40 所示。

然后在焊盘外围绘制丝印，如图 8-41 所示。最后保存封装，至此 R0603 的 PCB 封装已经制作完毕，在封装归属的库中可以找到。

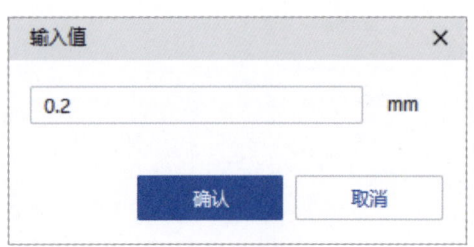

图 8-40　设置线宽

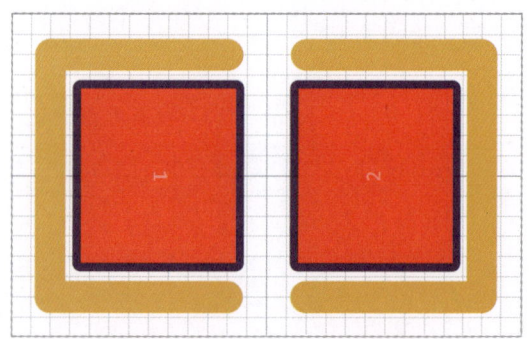

图 8-41　绘制 R0603 封装丝印

本章任务

完成本章的学习后，查看 GD32E230C8T6 元件的数据手册，制作 GD32E230C8T6 元件的器件库、符号库和封装库。

本章习题

1. 简述新建器件库的流程。
2. 简述新建符号库的流程。
3. 简述新建封装库的流程。

附录 A GD32E230 核心板原理图

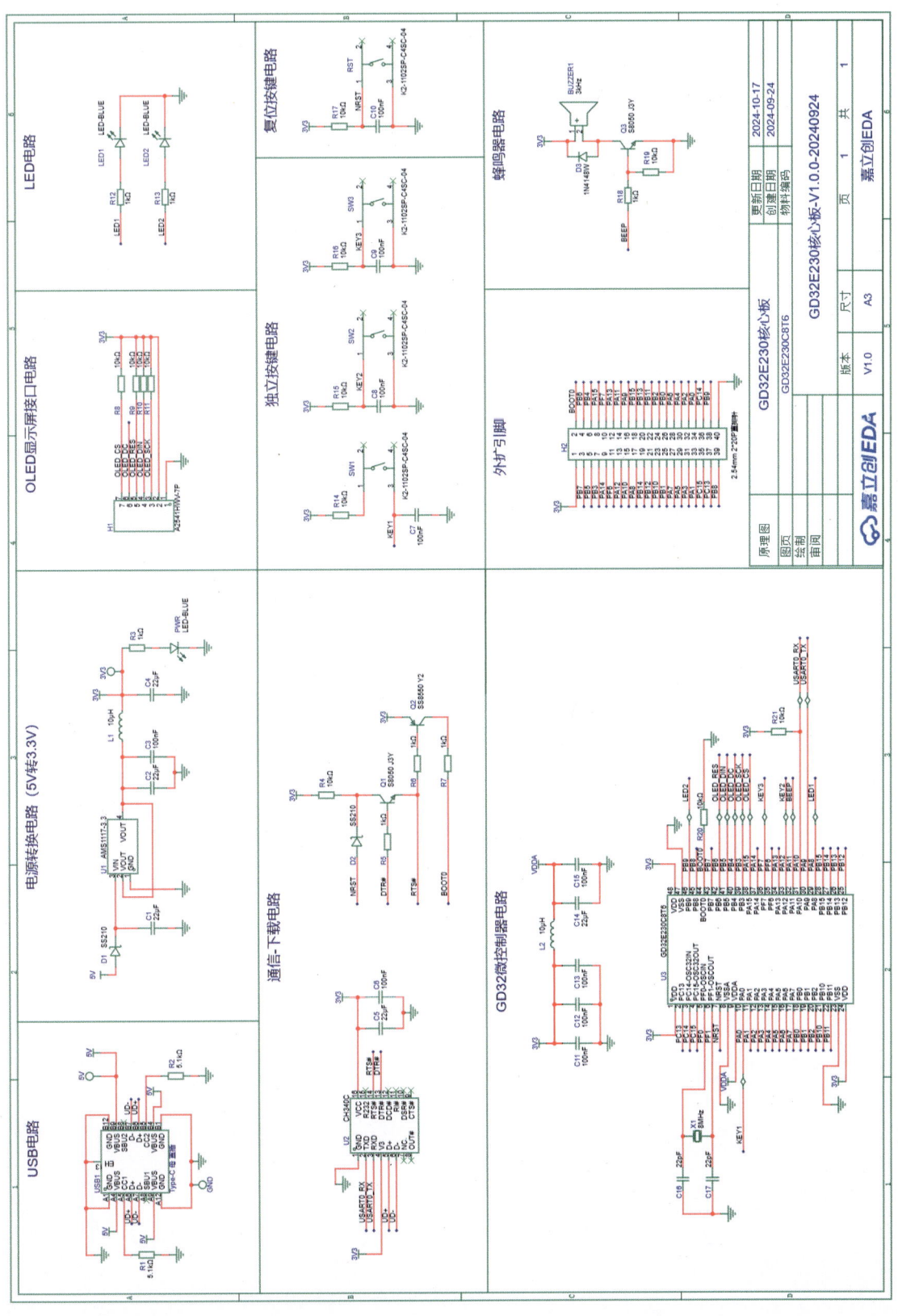

参考文献

[1] 唐浒，韦然. 电路设计与制作实用教程——基于立创 EDA[M]. 2 版. 北京：电子工业出版社，2024.

[2] 钟世达，张沛昌. 立创 EDA（专业版）电路设计与制作快速入门 [M]. 北京：电子工业出版社，2022.

[3] 钟世达，郭文波. GD32E230 开发标准教程 [M]. 北京：电子工业出版社，2023.

[4] 王玉皥，朱晓明，付世勇. 硬件十万个为什么（开发流程篇）[M]. 北京：北京大学出版社，2022.

[5] 李增，林超文，蒋修国. Cadence 高速 PCB 设计实战攻略 [M]. 北京：电子工业出版社，2016.

[6] 郑振，黄勇，龙学飞. Altium Designer 21（中文版）电子设计速成实战宝典 [M]. 北京：电子工业出版社，2021.